U0387651

折叠

经典产品设计解读

叶丹 郭磊 姜葳 编著

化学工业出版社

·北京·

本书选取国内外 30 件折叠产品典型案例，对其折叠结构进行概括性总结，并对经典作品在功能、材料、结构、人机等方面进行图解，对设计师背景进行介绍。图文并茂的解读方式使读者快速直观地提升对经典折叠产品的认知。书中还通过研究心得和资料索引为读者学习研究折叠作品提供路径。本书适合工业设计、产品设计专业学生和教师学习、阅读。

图书在版编目（CIP）数据

折叠：经典产品设计解读 / 叶丹，郭磊，姜葳编著. —北京：
化学工业出版社，2019.9
ISBN 978-7-122-34855-5

Ⅰ.①折⋯　Ⅱ.①叶⋯②郭⋯③姜⋯　Ⅲ.①产品设计–研究
Ⅳ.①TB472

中国版本图书馆CIP数据核字（2019）第 143204 号

责任编辑：张　阳　　　　　　　　　　　　　装帧设计：张　辉
责任校对：王鹏飞

出版发行：化学工业出版社（北京市东城区青年湖南街 13 号　邮政编码 100011）
印　　装：北京新华印刷有限公司
889mm×1194mm　1/20　印张 7　字数 282 千字　2019 年 10 月北京第 1 版第 1 次印刷

购书咨询：010-64518888　　　　　　　　　　售后服务：010-64518899
网　　址：http : //www.cip.com.cn
凡购买本书，如有缺损质量问题，本社销售中心负责调换。

定　　价：56.00 元

序

改革开放 40 年来，我国逐渐成为世界制造大国，是仅次于美国的经济大国和设计教育大国。中国在高铁轨道交通装备、通信装备等领域已达到引领世界发展的水平。

在我国 2500 多所大学中，有 1928 所大学设有设计专业，每年招收约 52 万设计类学生，每年的设计类在校生多达 200 多万；越来越多的企业设计师和院校师生在国际设计比赛中屡屡获奖，中国设计正在逐步走向世界。但是，我们还必须清晰地认识到，我国还不是世界的制造强国、经济强国和设计强国，我们还处在新兴国家之列。为此，中央提出了建设"创新型国家""文化强国""一带一路""大众创业、万众创新""建立人类命运共同体"等一系列发展战略，并制定了《中国制造 2025》，发布了《加快创新驱动战略 力挺创业投资》《国务院关于推进文化创意和设计服务与相关产业融合发展的若干意见》等一系列纲领性文件。可以预见：创新设计将成为我国由"制造大国"向"创造大国"转型升级发展的核心推动力之一；工业设计和文化创意产业迎来了史无前例的发展机遇，将成为新的经济增长点。加强工业设计和文化创意产业的研究成了新的热门领域。

我们生活在科技日新月异、知识迅速老化、充满不确定因素的时代。颠覆性的技术（如互联网和物联网的快速发展）时刻改变着世界的产业和产品结构，冲击着人们的生活。随着全球经济的一体化，国际交流与合作日益频繁，特别是随着中国的崛起、印度和东南亚等国家经济的快速发展，人们的生活方式和消费观念发生了历史性的变化，正由物质消费转向精神文化消费。由此，从 20 世纪 60 年代以来，全球旅游业快速发展，其增速总体高于全球经济增速，已发展成为全球最大的新兴产业，超过石油和汽车工业，成为世界第一大产业。旅游产业已成为世界各国新的经济增长点和发展战略。世界性的产业结构的调整、产业布局的转移和城市化进程加快等因素的影响，造成了世界性的人口大流动。层出不穷的社会问题给我们的设计教育带来了史无前例的机遇和挑战，因而我们必须深化教育改革、加快转型升级。

叶丹、郭磊和姜葳老师正是在这样的时代背景下，以强烈的历史责任感和使命感，以敏感而前瞻性的学术嗅觉，抓住机遇，以"折叠与收纳"为课题，率先对高等院校工业设计、产品设计专业的教育模式进行了探索性的研究。

《折叠：经典产品设计解读》一书源于产品设计课程中"折叠与收纳"课题的案例研究报告。从内容编排上可以看出其教学路线的设计，没有把"折叠"作为书本知识进行灌输，而是让学生自己选择产品，在比较研究中对产品结构、工艺、材料和设计背景等作出分析、评价，形成判断能力，让学生在现实的框架中认识折叠产品设计的本质。

由于折叠产品具有体积小，省空间，携带方便，节能环保，一物多用，便于归类、存放、装卸和运输，有利于标准化设计生产等优点，我们的生活已离不开折叠产品。可以预见：随着高科技的发展和新材料的出现，随着旅游产业的持续快速发展、人们出行的频繁，折叠产品的研发将成为热门课题；折叠产品会不断涌现，并在各个领域广泛应用。

在这一大的背景下，本书的出版更具有现实意义，书中所选择的案例种类涉及生活日用品、家具和家居用品、交通工具、建筑、旅游装备等领域；其分析解读能够抓住关键，简明扼要、深入浅出，易于理解，因而本书具有一定的学术价值和现实指导意义。

孔子说"学而不思则罔"，"学"就是获取知识，"思"就是从知识里提取智慧。知识是抽象总结，可以在课堂上传授；而归纳推演、触类旁通的案例学习则是获得设计智慧的重要途径。

设计正如空气和水一样无处不在、必不可少。设计作为一门科学来研究的历史只有几十年，无数奥秘有待探索。设计是设计师凭着社会责任和使命感，用智慧和良知、应用科技的成果和优秀文化创造未来，造福人类，将人们的理想变成现实，把需求和概念变成商品的创造性系统工程。设计的本质在于解决问题，设计的核心在于创新。而一切创新的核心在于能否商业化，能否促进生产力的可持续发展，能否建立"天人合一"的和谐系统，使人们的生活更美好。

衷心祝贺叶丹、郭磊、姜葳老师编著的《折叠：经典产品设计解读》出版！希望本书的出版能够成为进一步科学研究折叠、开发折叠新产品的起点，并期待有更多的开创性研究成果问世！

江南大学教授、博士生导师　张福昌
日本千叶大学名誉博士
2019 年 6 月 1 日

目 录

1 折叠产品设计

RMDLO 不锈钢折叠漏网（2014）
设计：Ran Merkazy（兰·梅卡齐，英国）

在自然界，生物通过改变自身形体的尺寸来满足自身生存的需要。变小体形可以达到藏身、休息和保护自己的目的；而变大体形则可以向对方示威、欺骗对方，这是物竞天择、适者生存的需要。走兽站立、奔跑时所占的空间很大，睡觉时四肢蜷曲仅占很小的空间；动物四肢、鸟翼及腿骨结构都是便于伸展蜷曲的。下图所示的苍鹭是欧亚大陆与非洲大陆湿地中常见的水鸟，其在空中展翅飞翔与栖息在树上所占的空间比例约为 8：1。鸟翅、蝙蝠翼、鱼鳍的伸展收缩；花朵从苞到怒放、萎缩；蘑菇、树的伞形；动物胸肋骨便于呼吸时扩张、收缩的平行构造；蛇、蚯蚓、蚕等动物的运动……自然界的这些现象为人类的造物行为提供了生动的示范，折叠构造可以说是受到这种启发的最好说明。人类由于物品的收藏和功能的需要，常常采用折叠的手段使物品在使用时得以展开，存储时收拢。日常生活中的"伞"就是典型代表。

上图是苍鹭飞翔和栖息的图片

下图是以苍鹭为意象的折叠台灯设计

设计：Architect Isao Hosoe

制造商：Luxo Italiana S.p.A

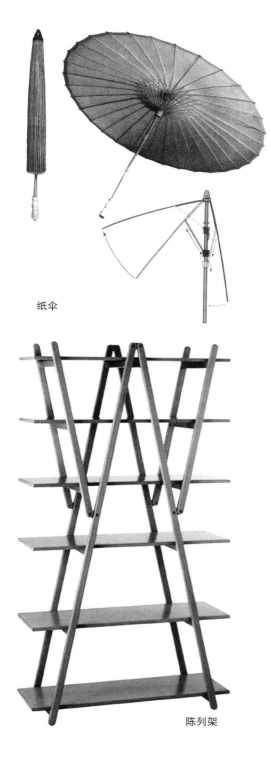

纸伞

陈列架

相传伞是春秋战国时期鲁班发明的。那时，鲁班和工匠们外出干活，常常被雨淋得透湿。鲁班心里一直想要做个东西：既能遮太阳，又能挡雨，能否做一座"活动的亭子"，随身带着走呢？有一天，鲁班看见许多小孩在荷花塘边玩，一个孩子摘了一张荷叶，倒过来顶在脑袋上。这张大大的荷叶在鲁班看来成了遮挡烈日的极好工具。鲁班抓过一张荷叶，仔细研究起荷叶的构造来，他心里一下亮堂起来，就赶紧跑回家去，找了一根竹子，劈成许多细条，照着荷叶的样子，扎了个架子；又找了一块羊皮，把它剪得圆圆的，蒙在竹架子上。顿时，一把"活动的亭子"产生了。鲁班把刚做成的东西递给妻子说："你试试这玩意儿，以后大家出门去带着它，就不怕雨淋太阳晒了。"妻子瞧了瞧说："不错不错，不过，雨停了，太阳下山了，还拿着这么个东西走路，可不方便了。要是能把它收拢起来，那才好呢。"鲁班觉得妻子的话很有道理，于是又生出一个主意，在妻子的协助下，把这东西改成可以活动的，用它时，就把它撑开，用不着时，就把它收拢。这就是教科书上所说的"鲁班造伞"。当然，鲁班所造的伞的具体构造我们不得而知，我们可以从北宋时期的绘画作品中看到伞的形态，它和现在的伞在构造上已经很接近了（见左上图）。

从上述故事中可以看出，当年鲁班造的伞已经运用了折叠构造。今天，伞的折叠构造又发展出了多重折叠，现在市场上就有"三折伞"。而且，伞的折叠构造也已被广泛应用于生活和国防等各个领域。左图所示的陈列架设计正是受了伞的启示。

通常把"折"和"叠"组合成一个词来用，但仔细分析，"折"和"叠"又是两个具有不同语义的字。《现代汉语词典》中，"折"的字义有：①断，弄断；②损失；③弯，弯曲；④回转，转变方向；⑤折服；⑥折合；⑦同"摺"，折叠；⑧同"摺"，折子；等等。"叠"的字义有：①一层加上一层，重复；②折叠；等等。

由此可知，"折"和"叠"含义不同，但两者有着一定的关联，因此常常把"折叠"连在一起使用。例如，可以将一张纸反复对折，由此产生出"叠"的结果，但"叠"未必都是"折"的结果；同样，在日常生活中常把同样大小的碗叠放在一起，这就不是"折"的所为。

1.1 折叠的类型

　　古往今来，运用折叠构造的产品造型可谓名目繁多，仔细分析这些看似千差万别的产品造型，都有其各自的造型规律，下图所示为折叠构造分类图。掌握这些基本规律就能触类旁通，设计出更多完美的产品。

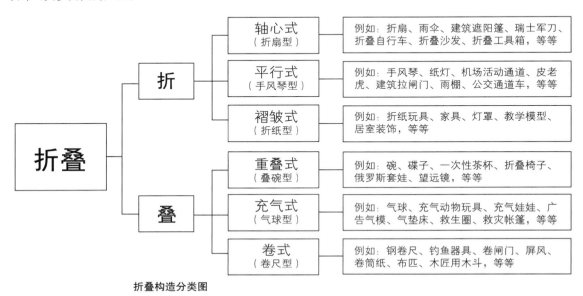

折叠		
折	轴心式（折扇型）	例如：折扇、雨伞、建筑遮阳篷、瑞士军刀、折叠自行车、折叠沙发、折叠工具箱，等等
	平行式（手风琴型）	例如：手风琴、纸灯、机场活动通道、皮老虎、建筑拉闸门、雨棚、公交通道车，等等
	褶皱式（折纸型）	例如：折纸玩具、家具、灯罩、教学模型、居室装饰，等等
叠	重叠式（叠碗型）	例如：碗、碟子、一次性茶杯、折叠椅子、俄罗斯套娃、望远镜，等等
	充气式（气球型）	例如：气球、充气动物玩具、充气娃娃、广告气模、气垫床、救生圈、救灾帐篷，等等
	卷式（卷尺型）	例如：钢卷尺、钓鱼器具、卷闸门、屏风、卷筒纸、布匹、木匠用木斗，等等

折叠构造分类图

1.1.1 "折"的三种形式

（1）轴心式

　　以一个或多个轴心为折动点的折叠构造，最直观、形象的产品就是折扇，如右上图所示，因而轴心式也称"折扇型"。轴心式是最基本的也是应用最多的折叠形式。

　　轴心式结构包括同一轴心伸展的结构，如伞、窗户外的遮阳篷；也有多个轴心的构造（不是同一轴心），如维修路灯的市政工程车、工具箱等；还有同一轴心、不同伸展半径的物品；以及同一方向但可以上下联动的物品，等等。在折叠童车设计上常常是多种形式的轴心式结构的综合运用。轴

折扇

便携式太阳能充电器

手风琴

机场机动通道的皮腔装置

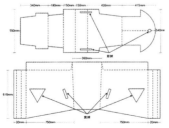

瓦楞纸椅子及平面图纸

心式结构的特点是构件之间在尺度关系上比较严格，在设计上要求计算准确、配合周到。轴心式是应用最早、最广也是最为经济的结构形式之一（见上页右下图）。

有时，复杂的设计不全是直接通过计算得到的，往往是根据产品的功能要求和折叠特性，经过多次试验，或者凭借设计师的经验才能设计出巧妙而又有效率的折叠构造来。当然，待折叠构造基本确定以后，则要对折叠的各个构件进行严格的计算，才能最终完成设计任务。

（2）平行式

利用几何学上的平行原理进行折动的折叠结构，典型产品是手风琴，所以平行式也称"手风琴型"（见左上图）。平行式结构可分为两种：一种是"伸缩型"，通过改变物品的长度来改变物品的占有空间，如老式照相机的皮腔、气压式热水瓶，等等；还有一种是"方向型"，结构上是平行的，而在运用时是有方向变化的，如机场机动通道的皮腔装置，为了能灵活地对准机舱门，机动通道口必须能灵活调整角度（见左图）。

平行式的优点是活动灵活，易产生动感，线形变化丰富，具有律动美。相对于轴心式，其结构要简单得多，造价也相对低廉，所以广泛应用在各类产品中。不足的是，这种结构的产品如不加辅助构件，不宜定向，易摇晃扭损。

（3）褶皱式

这里所指的"褶皱"就如把一张平面的纸张，折成一个立体的纸船，褶皱是平面立体化的手段。折纸最形象地体现了这种形式，所以褶皱式也称"折纸型"。"轴心式"和"平行式"多多少少带有机械结构，用于定位、定向等，在一定范围内展开收拢。"褶皱式"没有机械成分，而是利用材料本身的韧性和连接件完成从平面到立体的转换，并在两个维度中双向变化。左图所示是用瓦楞纸做的椅子。完全运用瓦楞纸的特性进行立体化设计，不用胶水，采用插接方式连接。这个椅子作为商品投放市场，包装的平面化就是优势，节约了运输成本。用户收到商品可根据简单的安装图纸，自己动手就可以折叠成一个扶手椅子。尤其是网络购物的兴起，这种扁平化的商品形态显示出独特的优势。

1.1.2 "叠"的三种形式

(1) 重叠式

重叠式也称为"叠碗型"。"叠"的特征是同一种物品在上下或者前后可以相互容纳而便于重叠放置,从而节省整体堆放空间。最常见的如叠放在一起的碗碟(见右图)、椅子(上下重叠)、超市购物车(前后重叠)。法国设计师埃塞姆设计的"谜题椅"(见右中图),就是运用了群体重叠的构造。这种椅子可以横向排列,将椅脚底端与地板连接起来,适用于公共场所;也可以重叠在一起储存,适合放在家里、公司会议室。

重叠式的另一种形式是由一系列大小不同但形态相同的物品组合在一起,特征是"较大的"完全容纳"较小的",譬如俄罗斯套娃。套娃是一种木制品,特点就是"大的套小的",每个娃娃上画彩色图案,多是俄罗斯古典女孩形象,也有各国总统头像或俄罗斯历代领袖头像(见下图)。按照套叠娃娃个数的不同,分成5件套、7件套、12件套、15件套,等等。这个玩具最能体现节约空间的"优势":"十来个玩意"只占有"一个"的空间。在魔术表演中常用类似的表演手段,在"没完没了"的重复中产生"惊喜"的效果。市场上相同概念的产品也层出不穷,如重叠式烟灰缸(见右下图)。此外,大小套筒的滑动也属于"重叠式",通过套筒的滑动来调节形体,实现一定的功能或节省空间。典型代表是古代望远镜、长焦距照相机、消防云梯,通过滑动来完成聚焦和存储的功能。

叠碗

谜题椅(设计:埃塞姆)

俄罗斯套娃

重叠式烟灰缸

热气球

广告气膜

钢卷尺

（2）充气式

充气式是在薄膜材料中充入空气后而成形的产品，其薄膜通常是高分子材料。最典型的是热气球（见左图）和儿童气球，所以也称为"气球型"。充气产品在未来社会具有很大的市场前景：旅游产品、户外家具、网购产品等都是其发挥优势的领域。充气式产品的特点是可在短时间内产生一个比原材料大若干倍的物体，放气后便于折叠收纳。现代商业活动中，广告气模即大型的充气产品（见左中图）。

（3）卷式

卷式结构可以使物品重复地展开与收拢，从造纸厂出厂的纸张和用于制作服装的坯布都是"卷"式形态。最典型的卷式产品就是钢卷尺（见左下图），所以卷式也称为"卷尺型"。在卷尺发明之前，有人发明了有许多根木条构成的"之"字形尺，它可以折叠收放，但还是不太方便。直到十九世纪末期，勒夫金发明了钢卷尺后，卷尺的使用和收藏变极其方便。下图所示是名为"线龟"的缠线器，其构造就是采用了"卷"的原理，通过"卷"电线将分散在工作台面上的电气设备后面垂下来的混乱场面收拾干净。该项产品获得了瑞士日内瓦国际发明展览会金奖。德国"古德"工业形态评奖委员会对其的评价是："独特而简洁的创新"。

"线龟"缠线器

1.2 折叠的功能价值

　　现代社会中，人们的生活、工作、学习的节奏比以往任何时候要快得多，生活形态也更加多样。这要求与人的这种生活状态密切相关的人工制品，在品质和功能上愈来愈精致和一物多用：一种产品往往要同时扮演多种角色。分析一下童车的用途，便可以理解人们对产品的要求：在家里应该是摇篮，在社区花园是儿童座车，在商场购物要兼有载物功能，在风景区要能背在肩上，在路上要方便上公交车或放在轿车后备厢中，等等（见右图）。从人们对这种"多功能产品"的要求中，我们可以解读出人们生活形态的多姿多彩。在不远的过去，一个木制的婴儿摇篮就能应付一切，而现在人们很少会选择一个单功能的摇篮。对产品的这种"多维需求"导致了设计师对产品"多功能"的追求。另外，在现代工业化生产、销售的过程中，除了基本的使用功能外，包装、运输、销售方式（仓储式超市）、维修、回收等，都是产品设计中不可回避的影响因素。一辆童车或者一个落地电扇，在出厂包装时不可能是产品使用状态下的模样，一般都要进行分解或折叠处理，不然运输成本太高（商家把小产品大包装一类的产品称为"泡货"），直接制约着产品的市场竞争力。所以，产品的多功能不仅是"使用时的多功能"，还包含上述各个环节的"功能"因素。折叠构造中就蕴含着"多功能"与"空间整理"的特征，将实现多种功能于一体成为可能。其归纳起来有以下几方面的功能价值：

　　a. 有效利用空间。前面我们提起过自然界中的"折叠"现象，鸟类在飞翔时的状态和栖息时就是一个展开－折叠的过程。在这个转换过程中，一只鸟本身的体积没有发生变化，也就是说所占的实际空间没有变，栖息时的"折叠状态"只是减少了"储藏"空间。试想一下，在飞翔时的展开状态下鸟怎么能躲进鸟窝或者树洞？所以，我们讨论折叠产品的"节省空间"主要是指它的储藏空间。如右图所示的折叠自行车，由日本松下公司生产，材料是轻质的金属钛，车身只有6.5公斤重。整辆车完全折叠起来后只有63.5厘米长、33厘米宽、58.4厘米高，仅占折叠前体积的1/6，将其放在汽车后备厢中外出旅行相当方便。

　　b. 便于携带。最直观的例子就是雨伞。一把已经折叠过的竹骨油纸雨伞（如前文提到的鲁班造的伞），其长度大概

多用途童车

自行车经过折叠的空间变化

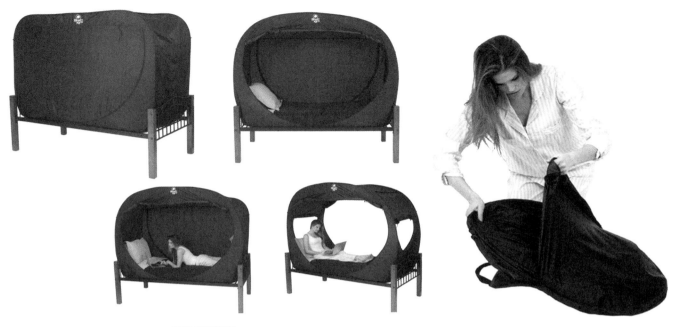

折叠式帐篷床

书架桌

也要80～90厘米，从古画中可以看到书生进京赶考时肩上都要背上一把像步枪一样的雨伞。现代伞材料发生了根本的变化——钢质伞骨、尼龙伞面，为再次折叠创造了有利条件。现在的二折叠甚至三折叠伞，其长度缩短到25厘米以下，可以随意放进小包中。类似的产品有折扇、折叠摄影用三脚架、折叠衣架等。这类折叠产品在满足一定的使用功能外，主要考虑"便携"的特征。所以在旅游休闲产品中，比如各式各样的帐篷，"折叠、便携"设计是很重要的元素（见上图）。

c.一物多用。这一概念，经常被运用在家具设计中。据心理学家研究，人的居住环境最好在一定时期内做些变化，比如起居室、沙发、书柜、桌子椅子最好在半年或一年在空间布置上做一些变动，让长期处在室内环境中的人产生新鲜感，有利于人的身心健康。所以，家具就成了调度室内空间的道具。有这样一个家具设计，其双人床可以折叠在大立柜中，这样室内功能就发生戏剧变化：白天是客厅功能（床折叠在柜子中），晚上把床从柜子中放下来，那么客厅就变成了睡房。左图所示的这件奇特的"书架桌"可以说是"一物多用"的典型之作。

d. 安全。在智能手机出现之前，折叠手机比较受消费者欢迎。折叠手机在体积上没有多少优势，与非折叠手机相差无几。折叠手机的一个重要功能就是按键被安全地保护起来，虽然非折叠手机也有按键锁，相比之下前者还是更安全、更方便。另外，一些利器（刀、针、剪刀等）经过折叠处理后不但缩小了所占空间，而且隐藏了锋利部分，保证了携带时的安全和方便（见右图）。

e. 降低仓储及运输成本。上面提到的松下折叠自行车，在出厂包装时，折叠后装入的纸箱与展开状态下装入的纸箱，所消耗的包装瓦楞纸用量要节约许多。在运输及仓储成本上，前者只是后者的 1/6。从这一点上讲，折叠产品不仅仅是有效利用了空间，还有效利用了资源和能源。对折叠构造的研究以及运用，对制造厂商、运输仓储、宾馆旅店以及公共空间的有效利用都有积极意义（见右下图）。

f. 便于归类管理。我们在工作、学习中都有这样的体会，许多文具、五金工具工作时使用比较频繁。如能把这些具有不同使用功能的工具分门别类地放置，就有利于提高使用效率。反之，就整天处于寻找工具的忙乱中。如下图所示的这款文件包，可以将重要文件分门别类放置；到了办公室就可展开挂在墙上，查找起来十分方便，对于那些必须经常带着资料外出做演讲的人们而言尤为方便。

瑞士军刀

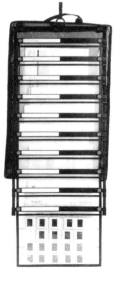

文件包

折叠椅

2 折叠产品设计解析

ONESHOT 凳（2006）
设计：Patrick Jouin（帕特里克·乔安，法国）

2.1 翻页书灯

设计：Max Gunawan（印度尼西亚）

时间：2013 年

地点：美国旧金山

奖项：2015 红点设计奖、2015 Good Deisgn 设计大奖

品牌：LUMIO

折叠类型：轴心式

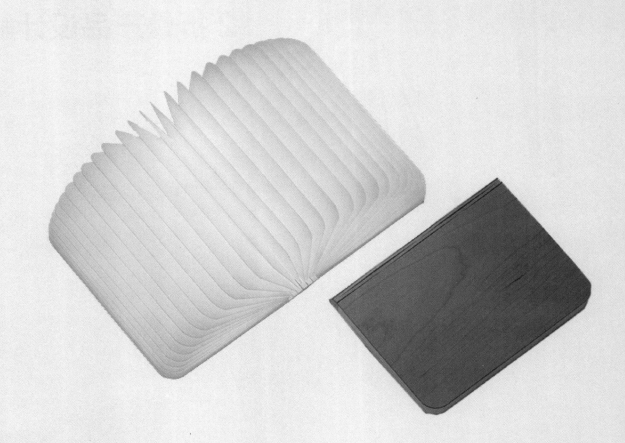

2.1.1 产品形态

　　书是我们通往成功、实现梦想、完善自我最有用的助手之一，书本中总是充满智慧，如一盏明灯，给人以启迪和思索。人们一般不会将灯具与书联系在一起，但设计师 Max Gunawan 用书的形态重新定义灯具设计，设计出名为 LUMIO 的 LED 翻页书灯。该灯整体非常轻薄，外观像一本精装厚度书，充满古朴的书香气息。当人们翻开封面，一页页白纸映入眼帘，似乎在打开一个知识宝库。

　　LED 翻页书灯形态新颖且极具创意，其可以通过变换摆放的形式及控制开合程度完成多种形态的变换：可以平摊在书桌上作为台灯、落地灯，也可以悬挂在墙壁或者屋顶成为壁灯或吊灯。多变的形态让其可以胜任家庭任何一个位置的安装与搭配，营造出惬意的创意空间。

2.1.2 产品功能与结构

这款翻页书灯从折叠结构的角度来说属于典型的轴心式结构。其设计借鉴了中国古代传统折扇的结构形式，能够自由开合：不用时可以折起来放置在书架上或者背包中，便于储藏与携带；使用时，该 LED 翻页书灯能够在 360°角度内自由伸展，展开后每一页都能发光。当需要更换灯光颜色时，快速关闭后再快速打开即可。如果需要彻底切断电源，只需要合上书本时间超过 5s，灯即可完全断电。整个产品设计为了便于安装及摆放，在 LED 翻页书灯的封面和封底各内嵌了工业级超强吸力的钕磁铁，方便将它吸附在任何磁性物品的表面。

2.1.3 产品工艺

随着人们生活水平的提高，人们对产品的质地要求越来越高。像 LED 翻页书灯这类创意产品如果仅仅是与书形似而意不似，其被客户接受的程度将会大打折扣。为了彰显翻页书灯这个产品的书的质感，书灯的"书皮"采用真木制成，真木的颜色有黑胡桃木色、樱桃木色以及金枫木色三色可供客户选择，具有丰富的客户可选空间；书灯的封面经过工艺处理后具有极佳的硬度，很好地保护了里面的折叠灯罩和 LED 灯泡；书灯中间弯折部分使用激光切割技术，从而保证能够弯折而不会损坏；书灯书纸材料采用杜邦公司的 Tyvek 材料，该材料集纸张、布和薄膜的特性于一体，使得结构结实（撕不烂），具有一定防水能力，且具有良好的环保性，能确保书灯在多次开合后不出现破损现象。该设计通过真木封面与杜邦纸的搭配工艺，在确保产品使用性能的同时，让 LED 翻页书灯更具书的特色。

2.1.4 设计其人

　　Max 出生于印尼雅加达，后来在美国旧金山成为建筑师。作为设计师的他一年有一半的时间出差、住酒店，并随身携带智能手机需要的充电宝。他曾设想把两者以一种更为紧凑的方式结合在一起，不管在任何地点、任何角落都可以体验到很美的光，并使之和人们的生活方式息息相关。作为一个灯具，在任何地方都可以用到；而作为书的形式，是为了方便携带，随手拿到哪里都可以。作为设计师，Max 会经常拿着草图本到处走，把灯设计成这样的形式很实用，用起来轻松自然。其设计宗旨就是要好用，一看就知道怎么用，也就是说视觉语言要清晰、直接。

　　其实，做设计也不一定要做出全新的东西，只要寻求痛点，针对人们日常生活中遇到的一些问题展开调研，或是小组以头脑风暴的形式想出一些产品的改进点，去解决人们生活中遇到的问题，方便人们的生活，这才是设计的真正意义。

参考资料：https://jiaju.sina.com.cn/news/20161228/6219811
980551979084.shtml

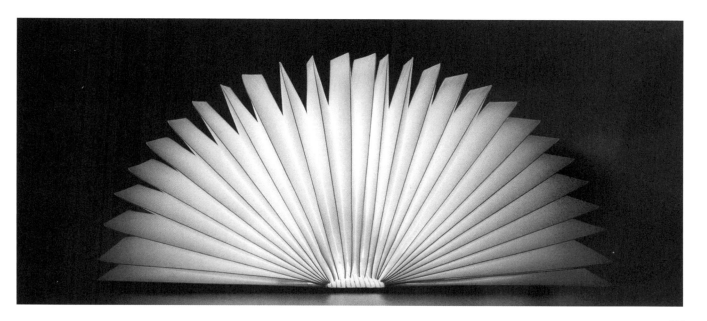

2.2 卤素台灯

设计：Richard Sapper（德国）

时间：1972 年

奖项：Prize Grand Prix Triennale XV 1974、Gold Medal Triennale XV 1974、Gold Medal at Bio 9 Ljubljana 1981、Selection Compasso d'Oro 1979，现被纽约现代艺术博物馆收藏

品牌：Artemide

折叠类型：轴心式

2.2.1 产品形态

　　卤素台灯 Tizio 设计源自 Think-Pad 奠基人 Richard Sapper，它是世界上第一款卤素台灯。卤素台灯 Tizio 以其黑色质地、带折角结构、简约设计闻名于世，并且成为 20 世纪 80 年代高技术设计的一个标志。从灯的形态的角度来看，极其简约的现代风形态十分具有革新性，并在当时引领起一股简约设计风潮。在这种形态下，使用者能通过调整支架保证灯光只投射在面前的书页上，而四周仍然保持幽静朦胧，这在一定程度上能提高学习、工作效率。

　　卤素台灯 Tizio 形态上丰富，有人觉得它像水鸟，有人觉得它是一个微型油泵。在笔者看来，Tizio 卤素台灯更像电影里的变形金刚，给我们带来使用上的惊喜。同时，中性的灰色、硬朗的线条和稳定坚实的底座给人踏实可信赖的感觉，虽然少了一份亲切，却多了许多安稳。

2.2.2 产品功能与结构

卤素台灯 Tizio 从折叠结构的角度来说属于典型的轴心式结构。具体来说这款台灯通过折的结构形式改变灯照明的位置。据设计者 Richard Sapper 描述，其设计 Tizio 卤素台灯是因为找不到一盏适合他的工作用灯。其想要小的灯头和长的臂杆，并且不想把灯固定在桌面上，而是让它移动起来方便聚焦关注的重点。鉴于此 Richard Sapper 通过整合笔记本屏幕的铰链技术到台灯手臂上的联结点，将 Tizio 卤素台灯设计为一个可通过折方式来调节灯头位置的桌面装置，它可以朝四个方向灵活活动，即底座平行的转动、第一和第二接头处的垂直转动、灯罩的垂直转动。与此同时，Tizio 卤素台灯通过铰链连接转动灵活，使其可以被固定在任何位置，由于 Tizio 卤素台灯在调整过程中其重心位置不断改变，这就需要在灯的底座设计一个配重系统来保障台灯的整体平衡。Tizio 卤素台灯为了避免电源线裸露在产品表面造成产品形态的异位，创造性地以臂杆引导电线的方式提供电源，使得 Tizio 卤素台灯通体结构形态简约而流畅。

在当年，这款卤素台灯的设计最大的挑战是散热问题，因为过高的热量会毁坏灯本体，所以你需要寻找一种途径来冷却它们。Richard Sapper 从计算机工业中借鉴技术——在笔记本中用冷却集成块的技术，将灯热量通过导热管传输到一系列由一个风扇冷却的铝制尾鳍上来保证灯具的散热，从而保证 Tizio 卤素台灯寿命。

2.2.3 设计其人

Richard Sapper 的设计生涯从位于斯图加特的戴姆勒·奔驰的造型部门开始，之后转移到米兰。20 世纪 60 年代初，与意大利建筑师 Marco Zanuso 合作，开发了一系列的电视和收音机。20 世纪 70 年代，Sapper 担任 FIAT 实验汽车以及倍耐力气动结构的顾问，以减少撞击冲击为设计出发点，为汽车创作了灵活的皮肤设计理念。1972 年，他与意大利建筑师 Gae Aulenti 组建了一个研究小组，探索新的交通系统，减少城市内部拥挤。1980 年以后，他先后担任 IBM、联想的首席工业设计顾问。

在设计工作中，Sapper 的主要兴趣集中于技术上的复杂问题。他开发和设计了各种各样的产品，从船只和汽车到计算机、电子家具和厨房电器。在 Sapper 的职业生涯中，他一直热衷于学术界，曾在耶鲁大学、维也纳 Angewandte Kunst 高等院校、斯图加特的 Kunstakademie、米兰的 Domus 学院，及我国的中央美术学院等院校进行教学工作。Sapper 的产品为他获得了无数奖项，他的设计被国际许多博物馆永久收藏。自 1988 年以来，他一直担任皇家艺术学会的荣誉会员。1992 年，Sapper 从 Raymond Loewy 基金会获得了"幸运设计师奖"的设计工作。从 2001 年起，他成为柏林 Akademie der Künste 的一员。2009 年，德国设计委员颁发给他终身成就奖以肯定其作品的价值和贡献。2010 年，Sapper 获得了北卡罗来纳大学的荣誉博士学位。2012 年，德意志联邦共和国总统为 Sapper 颁发了功勋十字勋章。

参考资料：http://richardsapperdesign.com/about/biography

2.3 衣架椅

设计：Philippe Malouin（英国）
时间：2008 年
材料：胶合板
品牌：Umbra
折叠类型：轴心式

2.3.1 产品形态

在这个越来越强调自我、追求个性、崇尚新奇的时代，有一群人强调自我、彰显个性，他们不追求产品的耐久性，而对新鲜、独特、美观的产品更有兴趣，于是使用方便、舒适实用的多功能家用产品和一些有个性、设计别致、造型新颖的家用产品越来越受到市场青睐。这类家用产品的普遍特点是集多种功能于一体，占地少、灵活性大、功能转换简便等。

衣架与椅子作为居家生活当中不可或缺的两件必需品，很少有人能够把它们联系到一起。并且，椅子通常在不使用的情况下会成为占用空间的摆设，如果椅子收纳起来之后也能发挥作用的话，那将两全其美。伦敦设计师 Philippe Malouin 为加拿大设计品牌 Umbra 设计的这款衣架椅子在纽约 2014 美国国际当代家具展（ICFF）上亮相，将折叠椅和衣架的功能巧妙地合二为一。当人们需要椅子的时候，可以将折叠椅打开摆放成椅子，不需要椅子的时候可以将其折成一个平面衣架，在收纳起来的同时可用来晾晒衣服。

2.3.2 产品结构与工艺

衣架椅从折叠结构角度来说属于典型的轴心式结构。衣架椅作为日常生活中有靠背的坐具，要求其在结构与视觉效果上具有稳定性。故在设计时利用结构上最简单的 X 折叠结构，需要的时候围绕 X 的中心张开就可以坐人，不需要的时候围绕 X 中心合拢就能收起，且收起后直板的凳腿和凳面折叠起来成一个平面而没有别的凸起。为了实现折叠椅的衣架功能，在设计时应该考虑两个问题：其一，衣架椅的质量，过重的质量将使得衣架椅不能够被晾衣架所承受；其二，衣架椅上的挂钩设计，如何将挂钩设计在椅子上而在视觉上不产生违和感。为了解决上述两个问题，伦敦设计师 Philippe Malouin 在材质上选用了高强度轻质材料以控制衣架椅的重量，在椅背上方采用直接表达方式设计出如衣架般的挂钩，再配上温和的色调，让衣架椅在集合椅子与衣架功能的同时，在结构上相得益彰，给人清爽简约的现代感。

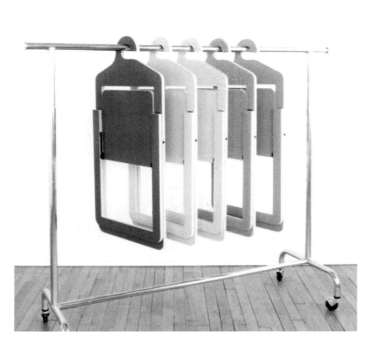

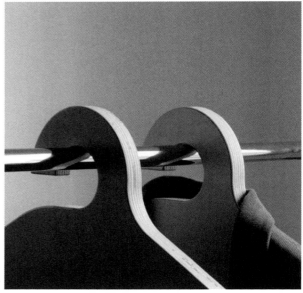

2.3.3 设计其人

　　来自英国伦敦的 Philippe Malouin，拥有荷兰埃因霍芬设计学院的设计学士学位。"衣架椅"是他大学时代的"习作"。他还曾在巴黎国立高等工业学院和蒙特利尔大学学习。毕业后，他为英国设计师 Tom Dixon 工作，并于 2009 年成立了自己的设计工作室，从事建筑、室内设计和产品设计，涉及的领域非常多：桌子、地毯、椅子、灯具、艺术品和装置，等等。Philippe 还赢得"未来设计师奖""最佳材料运用奖"等奖项。

参考资料：https://www.zaozuo.com/

2.4 两用桌

设计：Duffy London（英国）
时间：2016 年
地点：英国伦敦
折叠类型：轴心式

2.4.1 产品形态

如今都市生活、工作和学习较以前都紧张而忙碌，生活形式也更加的多样化。面对社会资源日趋紧张、家庭构成逐渐缩小的情况，小户型住宅逐渐成为市场的主力户型。在小户型住宅的设计上，应该采取功能为先的精简原则，在小空间中做出大格局来，创造实用而舒适的居住环境。在这种情况下，人们就越来越迫切地需求一种品质精致、功能多样化的折叠家具产品。

2016 年伦敦设计节上展示了由设计工作室 Duffy London 设计的一款精致的两用桌——Swinging。Swinging 两用桌运用折叠结构实现了由餐桌与茶几的相互转变，无需复杂的操作即可将茶几变为一方 4.5 英寸 ×2.5 英寸（1 英寸 =2.54 厘米）的餐桌，之前隐藏的桌腿和桌板都将派上用场。想象一下，和朋友午后品茶，晚上围坐在一起用餐，有这么方便的折叠家具也是很舒心的。

2.4.2 产品结构与工艺

　　Swinging 两用桌从折叠结构的角度来说属于典型的轴心式结构。在设计构思上，由于 Swinging 两用桌产品定位为小户型家庭家居，一般小户型的房子比较紧凑，最大的局限在于面积，所以在设计时只能从空间高度里去找更多面积，通过高度的折叠增加面积！为了实现 Swinging 两用桌的餐桌与茶几互相变换前后的稳定性，设计师采用双轴心结构，在桌子的两端分别采用一套轴心结构实现桌腿的旋转，从而达到改变桌子高度与使用面积的目的。此外，桌子的使用对象为人，设计师从人的姿态角度出发依据所掌握的人用餐与用下午茶场合下的坐姿数据，设计出符合人身体坐姿尺寸的桌子高度，以保证桌子在使用过程中的舒适性。在桌子选材上，设计师选用实木和高级桦木胶合板，表面采用原木色处理，让整个居住环境显得素雅而宁静，为都市快节奏生活的人们提供宁静而舒适的居家环境。

2.4.3 设计其人

　　毕业于布莱顿大学设计专业的 Christopher Duffy，将他的设计团队汇聚在伦敦东部一个宽敞的工作室里进行家具设计实验。设计团队以创意为基础，结合艺术和功能，并将重力、几何和幻觉的概念相结合。创新和古怪的设计源自 Christopher Duffy 的思想。他才华横溢，在与设计师、工匠和制造商团队的不断打磨中，将概念转化为高质量的产品。他们还设计了许多富有创意的家居产品。左图的"碧海深渊桌子"是一张地球海床的"创意复制品"；下图中令人难以置信的 up 桌子，是一个俏皮的错视画，给人的印象是玻璃桌面被气球悬置；暗影椅似乎只能用两条腿来抵抗重力；令人愉快的摇摆桌，它将带使用者们回到童年。

参考资料：http://duffylondon.com/

2.5 会议室座椅

设计：Dante Bonuccelli（阿根廷）
时间：2008 年
品牌：Lamm（意大利）
折叠类型：轴心式

2.5.1 产品功能

大型商业机构、豪华酒店、学校以及政府部门都拥有独立的大型会议室。椅子作为会议室设计中的重要部分需要设计者着重考虑。会议椅作为椅子家族中的特殊一类，其设计不能像通常意义的坐具那样，而要充分考虑到会场空间的整体布局、会场人流聚散变化等因素，以及现代会议设备的人机设计，如集成音频系统。

来自阿根廷的设计师 Dante Bonuccelli 在 2008 年为意大利家具厂商 Lamm 设计了一套折叠会议椅系统——Genya 会议椅。该系统的设计亮点在于座椅与扶手的折叠设计，优雅简练的造型设计，以及创新的技术解决方案，使得会议椅更具科技感，让会议场所变得更加整洁，创新了现代会场设计概念。

2.5.2 产品结构与工艺

　　这款会议椅从折叠结构的角度来说属于典型的轴心式结构。设计师 Dante Bonuccelli 为了最大程度地节省空间，将会议椅设计为四棱柱造型，远远看去整个会场的听众席由一排排固定在地面的面板构成。单个四棱柱会议椅内部被设计师分割为把手、座位、靠背三个部分，座位与把手通过安装在四棱柱内部的旋转轴与气压装置实现座椅的协同折叠与展开。为了保证会议椅的舒适性，其材料用厚 15 毫米的山毛榉胶合板做成，上面垫有一层环保泡沫软垫，表面包有皮革。在设计参数上为了实现人机工程学设计，将座位把手与靠背设计为可调节的，便于随时调整坐姿。除此之外，用户可选择的配件包括装在靠背后面的折叠写字板、彩色显示屏以及座位号等。

2.5.3 设计其人

Dante Bonuccelli，1956 年出生于布宜诺斯艾利斯，1979 年建筑学专业毕业，1984 年在意大利米兰开始从事建筑设计和产品设计工作。1998 年，他创办了 Avenue Architects 设计公司，从事建筑和工业设计，在欧洲、亚洲和美洲都有设计项目。

参考资料：http://www.shejipi.com/28906.html

2.6 风琴椅

设计：Raw Edges（以色列）
时间：2015 年
地点：英国伦敦
品牌：LOUIS VUITTON（法国）
折叠类型：轴心式

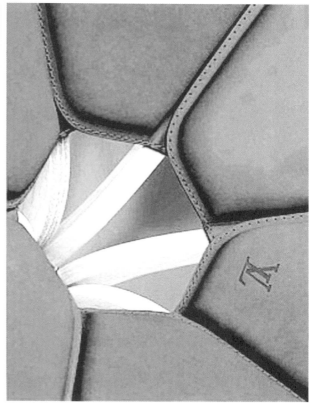

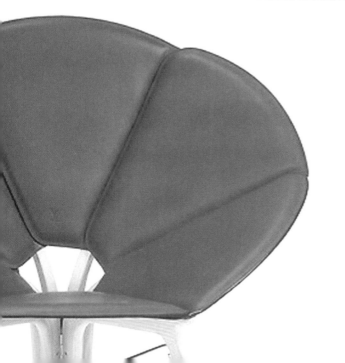

2.6.1 产品形态

喜欢乐器的朋友对于手风琴这样一件既能独立演奏，又可以参加重奏、合奏的乐器应该不会陌生。不过对于大部分人来说，可能不太清楚这种乐器的结构、原理，以及演奏方式。而有心的设计师却把这样的结构、这样的元素融入产品设计中。来自以色列的设计师 Raw Edges 参考六角手风琴的结构，通过简化六角手风琴的褶皱，设计了这款六角风琴椅。这把六角风琴椅是 LV 的"游牧器物"主题系列家居中的一款。而且这款六角风琴椅十分强调作品形式。椅背和椅腿都是可以完全折叠的，像扇子一样。打开后，椅背后有拉链，椅腿前有锁扣，至于坐着舒不舒服不好说，但的确能让我们想到老式留声机的大喇叭。

2.6.2 产品结构

    风琴椅从折叠结构角度来说属于典型的轴心式结构。其折叠结构
与我们之前分析的作品有所区别,首先是在折叠轴上六角风琴椅属于
多轴折叠,所以相对于其他折叠结构产品,其在折叠前后占用的空间
变化是十分明显的;其次是其借鉴了手风琴的结构,但对后者的结构
做了简化处理,六块扇形结构通过五根连接轴两两连接在一起,打开
时将其中一块扇形结构通过扣环固定在座位上。为了保证风琴椅打开
后能够具有稳定的结构,设计师合理布置了支撑结构的空间次序,使
其在打开时形成三点支撑,折叠时能够完全重叠,让椅子无论在张开
还是折叠时都具有独特的构造美。

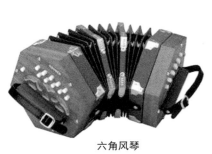

六角风琴

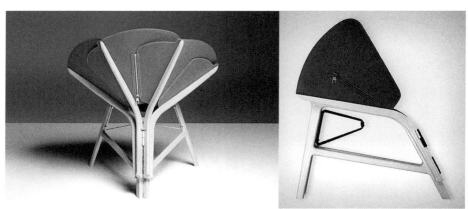

2.6.3 设计其人

这是以色列年轻设计师 Yael Mer 和 Shay Alkalay 的作品。他们是一对恋人,在耶路撒冷相遇并移居伦敦,2007 年从英国皇家艺术学院毕业后成立了 Raw Edges 设计工作室。在学院导师 Daniel Charney 和 Rober Feo 的指导下,他们开始尝试新的设计,不断思考人们如何使用物品来丰富生活环境,并寻找可以使用原始边缘的材料。他们总是说:"让它保持原始边缘,让它保持原始边缘。"

他们有一种非常独特的设计理念:遵循实用主义,巧妙而又富有创意,打造出"富有创造力的年轻空间"。他们设计的家具中融合了许多想象力和聪明才智。他们认为,让用户在使用产品时能感受到幽默并且受到鼓舞才是最重要的,但功能也同样需要发挥作用,它是一个特定的百分比,一把不能坐在上面的椅子是不会让使用者感到快乐的。在设计过程中,他们不太喜欢使用渲染图,觉得渲染是在浪费时间,除非真的尝试过亲自动手实践,设计才能被证实,所以渲染对他们来说就好像不存在一样。

参考资料:
1. http://www.raw-edges.com
2. https://www.freundevonfreunden.com

2.7 折叠插头

设计：Min-Kyu Choi（韩国）
时间：2009 年
院校：英国皇家艺术学院
奖项：2010 年英国生命保险设计大奖
折叠类型：轴心式

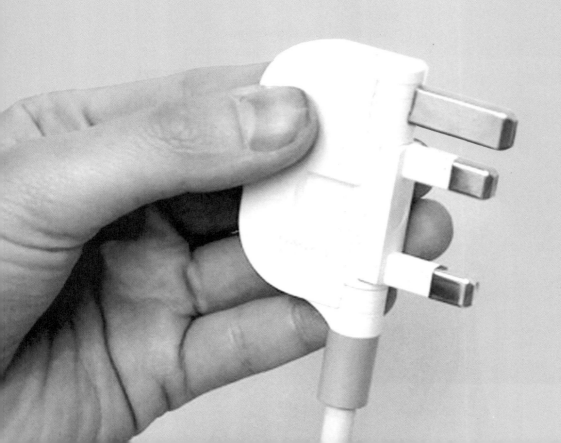

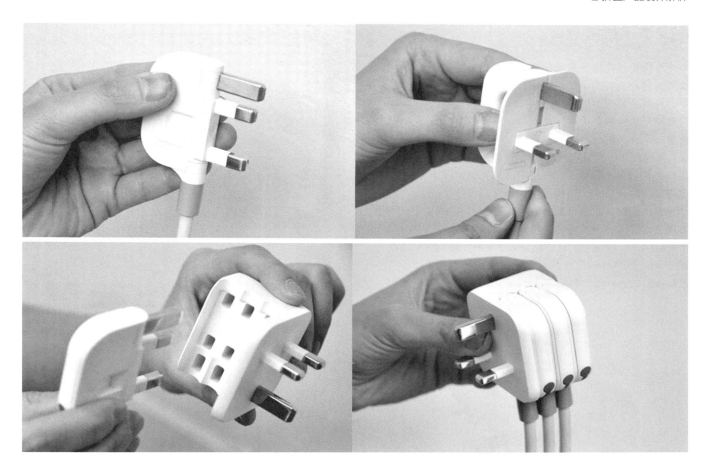

2.7.1 产品功能

随着现代生活水平的不断提高，人们对住宅电气的要求也越来越高，人们不再满足于照明、风扇、洗衣机、电冰箱、彩电等电气设备带来的方便，更加热衷于追求音响、空调、大屏幕彩电、电脑、电话带来的享受。这些电能、信息的传递除通过电线、电缆外，还必须通过插座这个小小的电气装置来输送到电器设备或信息终端。插座的种类和数量在现代生活中呈日益增长的趋势，而现代插座的选型、布置位置、数量和安装高度都直接关系到使用效果，是现代住宅电气设计中十分重要的内容。如果电气插座设计还按照以前的做法墨守成规的话，已经跟不上时代的步伐。现代建筑电气设计人员十分有必要对插座这个小小的电气装置元件引起足够重视。

来自英国皇家艺术学院的毕业生 Min-Kyu Choi 运用折叠原理设计了一款可折叠万能插头，赢得了英国生命保险设计大奖。这款插头非常时尚美观，借用了现今流行的变形元素，使得厚实的三相插头变身为轻薄的折叠式万能插头。这款插头在折叠时的厚度仅 1 厘米，使用时只要依顺时针 90° 扭动下面的两个插头，就变成了标准的三相电源插头。万能插头可单独使用，也可以三个为一组，集合在一起使用，可以与全球各地不同规格的插座相匹配。除了传统插头的功能，它还具备 USB 接口，使常用的数码产品都可以轻松充电。可以想象，如果将这款插头推广开来，我们就不必四处寻找插座了。

2.7.2 产品结构

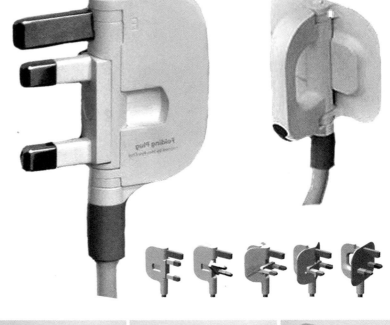

从折叠结构角度来看，这款折叠插头既属于典型的轴心式结构，又属于平行式结构。其设计融合两种折叠结构，需要使用三相插头的时候，只需把下面的两个插头旋转90°，放下两翼就变成了一个普通的三相插头；不用时将下面的两个插头复位即可。 这种设计不仅利于存放，而且美观大方。为了在只有一个三相电源插孔的情况下也可以同时连接多个三相插头，设计师设计了一个配套的适配器，该适配器能够使三个插头平行塞进去，使得在一个插座的情况下可以同时给三台电器供电，在这里，设计师运用了平行式结构。这个一变三的插头充分利用当代折叠设计理念，把插头变成独一无二的简单设计。

2.7.3 产品工艺

这款插头采取了现代感十足的设计。作为亚洲人，设计者毕业于英国皇家艺术学院，受欧洲文化影响，在设计上采用简洁合理的设计，有利于推广使用。此外，仔细观察这折叠插头，可发现折叠插头的背面有一个像把手一样的设计，这样使用插头时就更加便利安全。这种设计以往不是没有，但这个设计放在这里不仅不显得多余，反而更加美观，对于使用者而言显得更加友好。这个系列的折叠插头在充分考虑用户使用场合的基础上，设计了三个模块，即独立可使用的三相插头、独立可使用的 USB 插头和作为插接平台的三相插头，用户可以根据自身要求搭配选择，提升了产品使用功能。

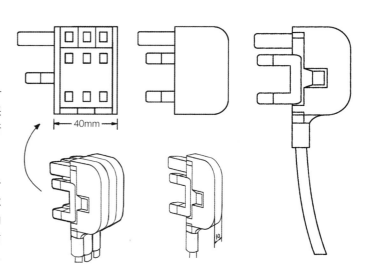

40mm

2.7.4 设计其人

生活中并不缺乏灵感，缺乏的只是发现灵感的一双眼。英国皇家艺术学院 2009 年毕业设计展上，一款插头设计惊艳四座。Min-Kyu Choi 设计的这款折叠插座叠起来只有 MacBook Air 那么厚。

设计灵感来自苹果公司的笔记本电脑 MacBook Air，这款笔记本机身轻薄但是插头却很大。人们普遍使用的三相插头体积偏大，很占用空间，而且很容易刮坏其他物品的表面。这种已经被标准化的产品几乎没有改变的可能，Min-Kyu Choi 对插头所占的空间体积做出改变，通过折叠设计，将插头宽度设计成不足 10 毫米。这种插头可以很安全地放在电脑包里。便于收纳、携带是现代产品设计的基本要素。

参考资料：
1. http://huaban.com/
2. https://www.zhihu.com/

2.8 折叠电动单车

设计：Matti Ounapuu（爱沙尼亚）
时间：2013 年
奖项：2018 CES 创新大奖
品牌：Stigo
折叠类型：轴心式

2.8.1 产品形态

对于国内外大都市里的上班族来说，令人头疼的除了雾霾天气，便是道路交通问题了，上班迟到不再是看心情而是要看运气，无边际的汽车一条龙简直分分钟想让人从车窗跳下，当起"交通指挥员"。基于这样的城市现状，很多科技公司直击人们的消费痛点，将目光放在了电动单车的研发制造上。

拥有丰富汽车工业设计经验的爱沙尼亚设计师 Matti Ounapuu 针对城市交通问题，设计出的一款适合短途出行的便携式可折叠电动单车——Stigo，主打的是便携式特点，让用户可以在很短的时间内，令这款电动单车由骑行转变为便携状态而毫不费力。从外观上看，电动单车整体上给人的感觉便是简单大气，折叠起来呈一个吉他形状，一字横手把掌握方向，中间大梁直达后轮，车座更是平滑、可爱，减少阻力。试想一下，当我们把单车从骑行状态瞬间转为便携拖车该是多么炫酷，肯定会吸引人们驻足观看。

2.8.2 产品功能与结构

Stigo 折叠电动单车从折叠结构角度来说属于典型的轴心式结构。Stigo 的命名含义来源于 "Style" 和 "Go" 两个英文单词。Stigo 设计师 Matti Ounapuu 在设计之初希望这辆折叠电动单车可以在提高人们出行效率的同时，也能满足现今城市人们轻松自在的个性化出行需求，而由电作为驱动力是对低碳环保出行理念的践行。

Stigo 最大的特点是能够实现快速折叠，只需两秒，通过独特的 joint-lock 结构（坐垫下扣机构和车头内向折叠机构）可将车辆变成直立形态，配合辅助支撑轮，Stigo 可以轻松直立停靠。折叠后高度为 120 厘米，占地面积约为 45 厘米 ×40 厘米，可以随身拖行，并能放入汽车后备厢中，可以与公交、地铁等公共交通工具实现无缝接驳。

既然它是电动单车，那么肯定要用到电池了。Stigo 折叠电动单车配备了 250W 电机和 18650 电池，充电 2 小时能达到 80% 电量，整车的重量不超过 13.5 千克，续航里程为 40 公里，基本满足大城市人群的短途出行需求。此款电动单车最高时速为 25 公里 / 小时，符合国家对于电动自行车的规定标准。它为上班族们提供了新的上班代步工具，非常符合当下城市人的用车需求。

2.8.3 设计其人

　　Stigo 源于爱沙尼亚,主设计师 Matti Ounapuu 生于 1949 年,20 世纪 70 年代开始从事设计工作,涉及的领域非常广泛,被誉为"一个像管弦乐队一样的设计师"。2002 年,他参与开发专为患者而设计的设备。这是一种工具,能够使患者在家中记录自己的健康指标,并以电子方式将其发送给医生。该设备在国际市场上取得了巨大成功,2003 年被评为欧洲最好的电子卫生项目。

　　开发这辆单车源于"一个新的想法"——打造一款独特的便携式折叠电动单车,经过 8 年的努力,基本定型成现在的模样,2013 年完成设计工作,立即引起周边国家市场的积极反应。设计研发者希望制造一款简单、有型、方便折叠的能够解决城市出行难题的电动两轮车。最让人惊叹的是它独一无二的折叠机构,可以两秒钟进行折叠,然后随身拖行。此款单车可以非常轻易地被带上地铁,与其他交通工具接驳,且拥有 40 公里的城市续航里程。对于上班族来说,它是一个"解决最后一公里"的绝佳选择。

参考资料:
https://designdaily.in/the-stigobike/

2.9 瑞士军刀概念电动车

设计：Eric Collombin & André-Marcle Collombin（瑞士）
时间：2011 年
品牌：Voltitude
折叠类型：轴心式

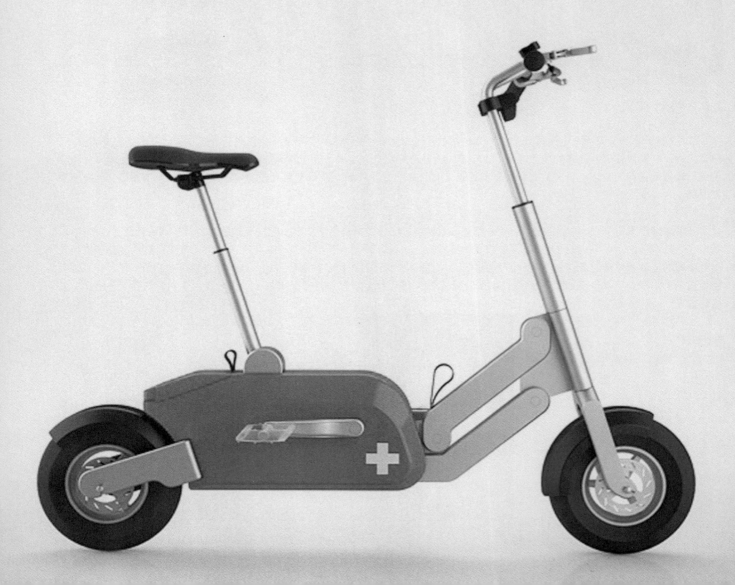

2.9.1 产品形态

在世界各国的城市生活中，由自行车乱放而导致丢失的现象非常普遍。所以，便于携带、可以保证出行效率的折叠自行车会深受城市白领的青睐。

这款以瑞士军刀为概念的电动自行车，可在 1 秒内打开或者折叠。电动车整体设计及折叠方式以瑞士军刀产品为形象特征，车身采用军刀的红色，使得其无论在展开还是折叠的时候看起来都像一把瑞士军刀，而它确确实实是一辆折叠电动车。在车身的左下角有一个瑞士军刀标志，是一辆带有瑞士产品特征的电动车。

2.9.2 产品结构

　　该电动车从折叠结构角度来说属于典型的轴心式与平行式相结合的结构。它在充分吸收了军刀产品的轴心式折叠形式的基础上增添了平行式的折叠方式，使得其能够在折叠的时候占用更小的空间。该电动车以酷似军刀刀柄的车身为主体，在其内部安装有电动车的动力源电池，且所有折叠结构都围绕其展开。座位与车身的连接采用轴心式结构；车身与行动部分的连接为平行式结构，采用两根平行的连杆保证电动车与座椅向车身的底部折叠时能像瑞士军刀那样折叠。

2.9.3 产品工艺

　　对于电动车来说，其制造工艺将影响产品的里里外外。这款瑞士军刀概念电动车的生产按照汽摩级制造工艺，以保证产品在折叠前后的稳定性，在焊接工艺、防锈工艺、电镀工艺、加工工艺等多方面升级优化，千锤百炼地打造出外形细腻美观、细节精致、操控更便捷的电动车。此外该产品使用宽轮胎，采用液压制动，后轮驱动，并配置了防盗锁以及前后车灯。安装在车身上的为一块9.5安时（Ah）的锂离子充电电池，充电时使用一个类似于笔记本电脑电源的充电器，每次充电仅需要4个小时便可以跑18英里（1英里≈1.6千米）。出色的产品性能，过硬的品质保证，折叠后60厘米×85厘米的尺寸，使得其深受广大消费者喜爱。

2.9.4 设计其人

Eric Collombin 是瑞士日内瓦市的一位大学毕业不久的小伙子，因父亲不经意的一句话，萌生出了设计像瑞士军刀一样可以携带的折叠电动车的想法。在父亲的支持下，Eric 上网查询关于折叠电动车的资料。他发现，市场上虽然已经有许多折叠电动车。由于折叠动作复杂，太重，折叠后体积仍然很大，市场反应并不好。父子俩决定研究一款体积更小也更轻盈的电动车。Eric 利用在大学里所学的知识，购买了大量书籍进行自学，逐一选择和比对各种适合做电瓶和电动机的材料。经过一年的努力，终于攻克了难题——把电动机和电瓶的重量减轻了一半。解决了这个难题后，他开始设计外形。因为心中一直有个把电动车做成瑞士军刀的想法，所以这个梦想最后成就了"瑞士军刀"概念电动车。

设计并不是只是个外形而已。这个案例告诉我们如何在设计中找到问题的关键，并在某些方面有所提升才是最重要的。这样做的好处就是，可以在不知不觉中迅速提高你的硬技能，并逐渐建立起自己的信心。到后来你就会发现，所有的关于技能方面的问题都已经不是问题了。如何解决人们生活中、社会中，甚至这个世界中存在的各种各样的问题，才是值得你花费毕生精力去探索的事情。所以设计师在为生活创造美好而设计的时候，必须要考虑到各种各样的环境因素、实用性、创新性等，千篇一律的设计不叫设计，那只是重复制造而已。

参考资料：
1. https://www.behance.net/
2. https://www.huaban.com/

2.10 折叠房子

设计：Renato Vidal（意大利）
时间：2016 ~ 2017 年
面积：最小面积为 27 平方米，最大面积为 84 平方米
折叠类型：轴心式

2.10.1 产品结构与功能

模块化概念在产品设计中的运用越来越普遍。所谓模块化设计是指在对一定范围内的不同功能或相同功能不同性能、不同规格的产品进行功能分析的基础上，划分并设计出一系列功能模块，通过模块的选择和组合构成不同的产品，以满足市场的不同需求的设计方法，最常见的就是家居产品的模块化设计，如灯具、墙面、插排等。此外，也有人将模块化设计应用到数码产品的设计中，例如模块化手机、模块化手表、模块化相机等。之所以越来越多的设计中应用了模块化设计，一方面是因为模块化设计能够将不同功能或是相同功能不同性能、不同规格的产品进行细分，充分发挥各个产品的作用；另一方面，模块化的设计自主性比较多，用户可以根据自己的喜好进行选择。

模块化的产品设计我们经常看见，但是模块化的房子我们是否见识过？意大利建筑师 Renato Vidal（雷纳托·维达尔）就设计了这么一款可以折叠的模块化房子，它叫 MADI。它看起来很普通，其实很不简单。MADI 可以在任何平面上组装，3 个人只要花 6 个小时就能完成。MADI 为典型的轴心式折叠结构，安装前，MADI 被折叠为立方体便于运输，当到达安装地点后，在吊机的作用下将其上表面吊起，上表面的折叠结构组成一个三角形屋顶。为了保证其屋顶的稳定性，设计了一块折叠平板，此平板在加强房屋稳定性的同时，将房屋隔成上下两层楼，构成复式楼的格局。这种房子的建造不需要特殊的混凝土地基，因而非常环保，也很便利，是建筑产品化的典型案例。

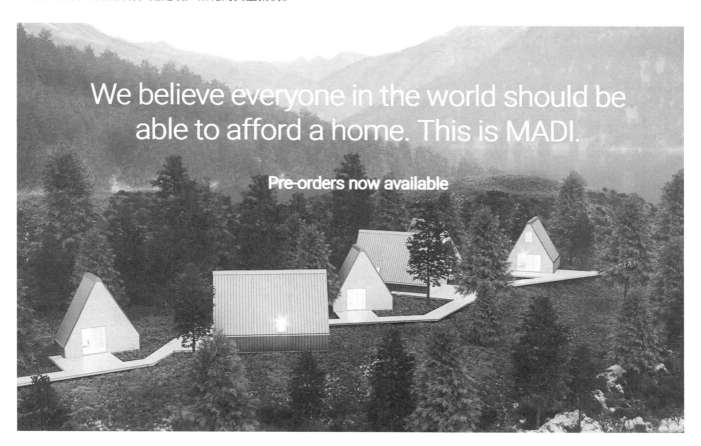

2.10.2 产品工艺与设施

由于 MADI 这款房子采用了折叠结构与模块化设计，用户可以根据喜好进行私人定制；由于不限制尺寸，用户可以任意组装出多个不同尺寸的房屋；又由于每个模块都可以折叠，折叠后每一个板子的宽度只有 1.5 米，用户在想搬家的时候可以把房子一起搬走。

提到模块化、折叠、活动房子的概念，很多人会担心其安全性以及设施的可靠性，其实不然。从材料来讲，这个房子采用安全且高品质的材料建造而成，具有抗地震功能。此外，别看它是折叠式的房子，日常家居用的配套设施，如完整的卫生间、厨房、水电设施、空调系统和排水系统都是齐全的。为了方便移动，并适用于任何外部环境，该房子采用太阳能发电设计，LED 灯通过太阳能供电。

房子是标准的 loft 设计，上下两层，上层基本用来居住，下层则是生活活动空间。房屋外墙采用薄木片胶合板，用户可以选择自己喜欢的颜色。当然，模块化设计最大的优势就是自选性高，除了颜色之外，用户还可以自行选择其他表面材质，例如石膏、铝、自然纤维或者大理石。选择好材料后，就可以搭建了。此外，MADI 采用镀锌钢作为框架，用特殊的铰链连接，因此能够快速搭建，也可以快速拆卸，具有一般建筑不具备的移动性。

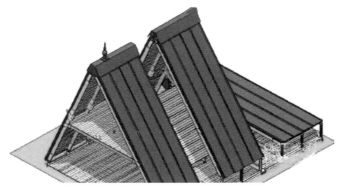

2.10.3 模块化房屋

  这个建筑的关键词是"模块化"，将房子分成不同的功能模块，用标准化、模块化、通用化的生产方式，实现工业化批量制造，可以随时随地在现场组装，并且可以在短时间内完成。模块化建筑彻底颠覆了传统房屋建造不可循环的模式，易于运输安装、拆迁，可重复使用。由于是标准化生产，其组件可以被方便地替换，就像小汽车那样，某个部分有问题，到维修店换一个即可。总而言之，MADI是一个采用折叠结构的模块化建筑的典型案例。

参考资料：https://www.madihome.com

2.11 卷桥

设计：Thomas Heatherwick（英国）

时间：2002 ~ 2004 年

地点：英国伦敦

客户：Paddington Basin Development Corporation

工作团队：Heatherwick Studio

折叠类型：轴心式

2.11.1 产品形态

桥梁一般处于城市中心地带，是城市景观的重要构成部分。由于结构技术日新月异，新型桥梁不断产生，不断为桥梁结构设计和景观学注入新鲜血液，创造新的舞台。作为新型桥梁结构中的一种，开启桥又名开合桥，也称为活动桥。它是一种可将部分桥身转动或移动的桥梁，适用于陆上或水上交通不是很繁忙而需通航较大船舶的河道或港口处。当船舶需要过桥时，可暂时切断部分桥身，待船舶过桥后再行闭合桥身，恢复桥上交通。其优点是，桥墩可以做得较低，减少两岸引桥和路堤的工程量，节省造桥费用。但是开启桥操作时需要消耗较多电力，这势必要增加机电设备的日常养护。开启桥提供了一种高效的交通方式——横跨水路却不会挡住船舶航行，所以开启桥比其他固定桥梁更具设计价值。

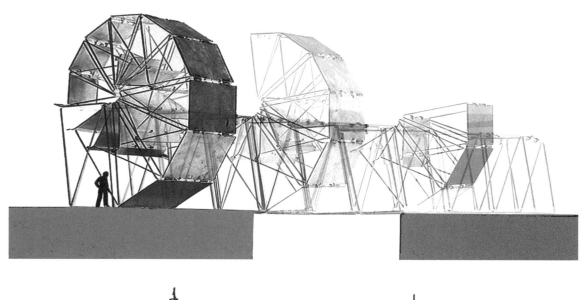

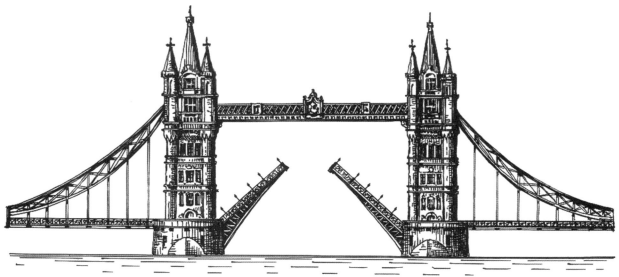

2.11.2 产品结构

桥梁结构具有建筑艺术的审美特征与建筑力学的设计特征，是技术与艺术相结合、实用与审美相统一，空间与实体的对立统一。作为城市景观艺术应该反映社会生活、精神面貌和经济基础的功能；作为当代桥梁工程，应该反映当代技术的最新成果。

2002 年由 Thomas Heatherwick 团队设计的伦敦卷桥，是当时技术与艺术的最新体现。该设计位于英国伦敦最大的办公开发区。在无船舶通过时，其无异于一般的开放式步桥，而在有船舶通过时，该装置则不同于一般的开放式桥梁分两部分打开，而是呈现单体弯曲。该桥梁的设计有别于一般的从中间断开的立转式开启桥，据设计者描述，过去中间断开的桥梁设计就像一个足球运动员准备去铲球，而另一个运动员飞起一脚，正好揣在了前者的小腿上，令人感到心痛，残忍，不优雅。所以 Thomas Heatherwick 团队借助折叠结构设计构建了这座卷桥。

该桥的折叠方式为典型的轴心式结构，全桥共由 8 组梯

形构件组成，总长 12 米。当船需要通过时，桥梁需要实现"卷起"动作，此时安装在两组梯形构件中间的液压缸的活塞杆收缩，带动安装在活塞杆两边的连杆运动，从而使梯形构建组桥梁呈八边形构造卷起；当人需要通过时桥梁需要展开，此时安装在 8 组梯形构建中间的 7 根液压缸的活塞杆伸出，带动安装在活塞杆两边的连杆运动，从而带动由 8 组梯形构件组成的桥面展开。卷桥最终因其独特的造型与结构获得巨大成功，并被作为帕丁顿盆地（Paddington Basin）综合体开发项目的一个地标物而受到英国设计界广泛的关注。

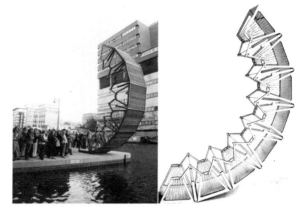

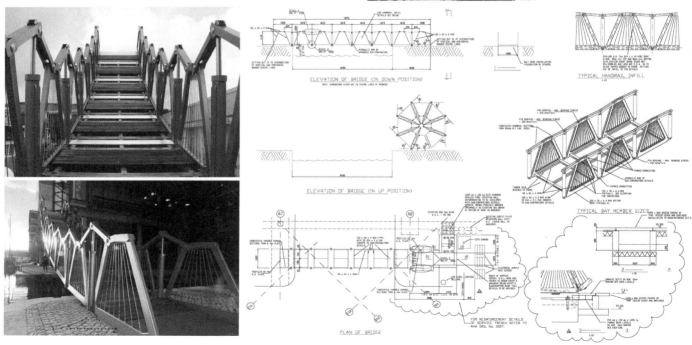

2.11.3 设计其人

Thomas Heatherwick 是一位设计奇才，是堪称当代达·芬奇的艺术大师，其设计项目有建筑、展馆、产品等。我们熟知的 2010 年上海世博会的英国馆的"圣殿种子"即他的作品，该作品获得了英国皇家建筑师协会莱铂金奖，为世人塑造了另一种崭新的英国符号。虽被世人称为设计天才，但他却说，"没有人是天才。让设计与众不同的唯一途径是：不断地一层、一层、一层、一层、一层、一层地自我发展，这是一个环环相扣的过程。创作过程是将一团混乱持续，然后精简、精简、精简、精简、精简的过程，直到觉得'嗯，我觉得这样可以'。但有时候，在精简的过程中意识到其实这个方案已经死了，必须得全部重新来过"。

Thomas 的祖母是一位布艺设计师，母亲则是一位珠宝设计师，他从小在各种手工艺的熏陶下长大，这也是为何他在自己的设计生涯中如此注重手工艺。他的工作室也是围绕工作坊来推进的。他相信，只有从自己的双手中完成的设计作品，才是自己真正的创造。英国设计协会主席戴维·凯斯特说："他将设计师的天生的解决问题的本能与艺术、建筑、工程和艺术家的执着与材料结合起来，创造大胆的和激动人心的建筑概念。"

Thomas 工作室里总是摆设着各种各样的手工艺品，很多这样的物件最终成为众多计划的灵感来源。工作室成员说灵感不一定来源于某个特殊物件、某种显示或某种美学，而是试着去讲一个别处的故事。工作室中有着一种"没有坏点子"的文化，是一个十分开放的空间。笔者认为，这也是 Thomas 作品都带有的独特性的源泉，因为他鼓励每一个设计师做自己，不加条条框框的限制，高度保持了设计的自由度。

参考资料：http://www.heatherwick.com/

2.12 行李箱衣柜

设计：Ken McKaba（美国）

时间：2015 年

奖项：2017 A'设计大奖赛金奖

品牌：ShelfPack

折叠类型：平行式

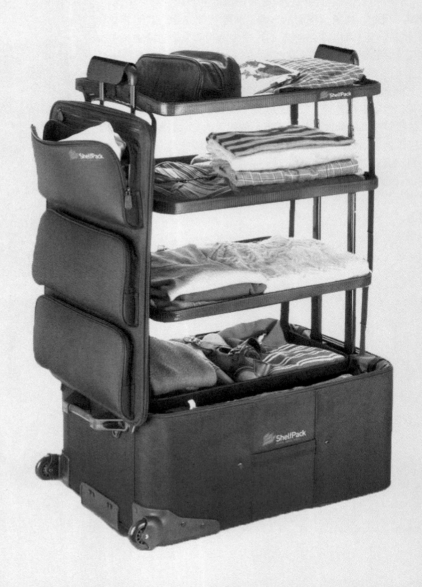

2.12.1 产品形态

　　相信这应该是很多人都会遇到的情况：突然要在旅行箱子里找某件东西，可能你并不会记得它具体放在哪里，只能凭着感觉到处翻，又或者它是个小物件，最后在箱子的最底部找到。本来所有都整理好的东西都打乱了不说，还觉得好窘迫。来自美国的大叔 Ken Mckaba 同样也有这个问题，为此他设计了一款新型行李箱 ShelfPack。其最大的特色就是内置折叠架子，打开行李箱后把折叠架子一拉，拥有隔层的简易版衣橱就在眼前了。该产品可以很方便地把每类衣服都妥善分类，各个夹层之间还可以自行调整，用户再也不怕在行李箱中狼狈地翻东西了。除此之外，它还能节省整理行李的时间，而且收纳起来也非常简单，用户能瞬间把行李打包好，以后找衣服再也不用翻个底朝天了。如果遇上长时间的旅行，到了驻地可以把箱子展开作为简单衣柜而使衣物通风，避免箱子里变得潮湿和有异味。怎么样？这对于经常出门在外的人们而言是不是一款理想中的收纳神器？

2.12.2 产品结构与工艺

　　行李箱衣柜从折叠结构角度来说属于典型的平行式折叠结构。将行李箱正面朝上，拉出两侧的可伸缩支撑杆，把平行折叠在箱子内部的四层内置货架上安装的固定把手安装在可伸缩的支撑杆上方，即可展开一个临时衣柜，便于人们分类管理衣服物品。由于普通行李箱的高度有限，人们在取放衣服物品时需要蹲下，比较费劲，设计者依据人机工程学相关数据，在行李箱底部左右两端分别设计了可折叠的行李箱支架，人们到了居住地点，可以将行李箱支架打开，将固定把手安装好后，一个简易的储物柜就展现在人们眼前。该行李箱有若干型号、尺寸。比如其中一款行李箱在展开后长 66 厘米，宽 35 厘米，架子拉开后高 1 米，尺寸正好适于单人储物，整个行李箱重约 7.71 千克，也能够符合各种交通工具的限制。另外，在行李箱正面的面板上还带有三个设有拉链的口袋，里面可以放一些小物件。整个行李箱设计尺寸合理，结构紧凑多变，使用简单，对于经常出门的人们来说十分方便。

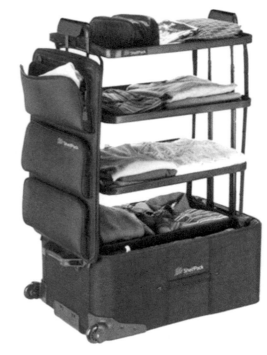

2.12.3 设计其人

Ken McKaba 是位软件工程师，大学毕业获得商业学位后，就和他人共同创办了一家成功的软件公司。他在长途商务旅行中梦想着拥有可折叠式的行李箱，并日复一日地构思折叠行李箱可能性。他想到了货架与行李箱的组合更方便。于是，他在家里开始改造行李箱，拆除其零件，甚至自己缝制布袋。尝试了多种结构后，他最终采用了这种衣柜和行李箱的组合结构。制成原型后，他借给朋友去旅行试用，他的妻子还带着它去了欧洲。他就是用这种办法让设计方案不断得到发展和改进。

这个行李箱除了夹层外还有多个容纳袋，搞定个人行李几乎没有问题。而且由于有软夹层的存在，使用者在行李分类时也可以更加得心应手。

参考资料：www.shelfpack.com

2.13 折叠浴缸

设计：Carina Deuschl（德国）
时间：2015 年
奖项：2015 年红点奖
折叠类型：平行式

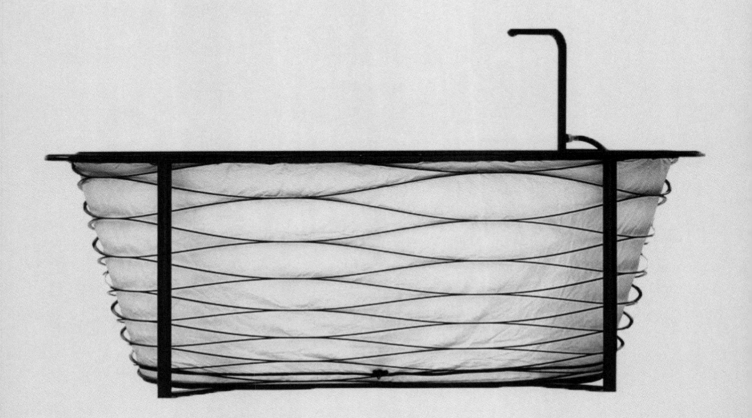

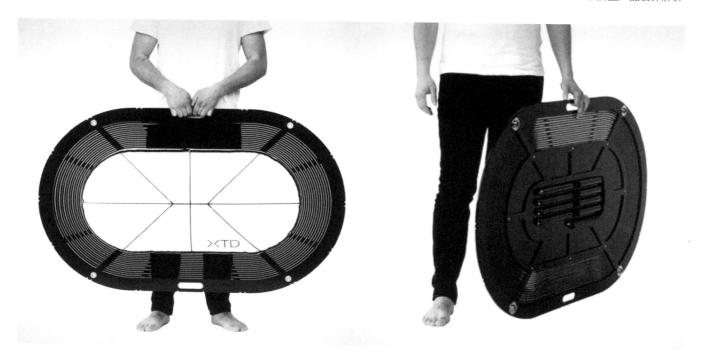

2.13.1 产品形态

　　喜欢户外露营的人们，是否有过在野外泡澡的想法呢？是否有屋主因浴室面积过小，而舍弃浴缸以便换取更多活动空间的呢？不用担心，设计师 Carina Deuschl 为那些有野外宿营并且需要及时行"浴"的人们以及浴室面积过小的屋主设计了一款便携式折叠浴缸——XTEND。XTEND 整个结构像是我们小时候玩过的伸缩玩具，当我们需要泡澡时，只需展开 XTEND，并在其上面铺上防水薄膜套，就可以在野外或者家里尽情地享受水分子在皮肤上跳跃然后渐渐穿透全身的感觉了。

2.13.2 产品结构与工艺

折叠浴缸从折叠结构角度来说属于典型的平行式折叠结构。设计师 Carina Deuschl 设计的折叠浴缸 XTEND 没有复杂的结构，为了保证浴缸的轻盈与可折叠性，他采用轻便结实的碳纤维材料制作浴缸的骨架，运用平行四边形变形的原理，当浴缸展开时碳纤维材料呈平行四边形，当浴缸收缩时，平行四边形的上下两边合拢。与此同时，为了保证防水膜的质量轻便及防水性能，其由多层复合高性能布料制作而成，展开浴缸后只需将防水薄膜套在骨架上，向下推开，浴缸的雏形就慢慢出现，最后再把薄膜撑开，即可享受泡澡。洗浴完毕后，将折叠浴缸折叠起来，其厚度只有8.5毫米，跟手机厚度差不多，且重量只有7公斤，十分适合带出户外或者收纳在屋内而不占用太大空间。XTEND 折叠浴缸整个产品的颜色以黑白灰为主，营造出一种高级感，简单的网线结构和白色防水布又能体现出产品的简约大气。

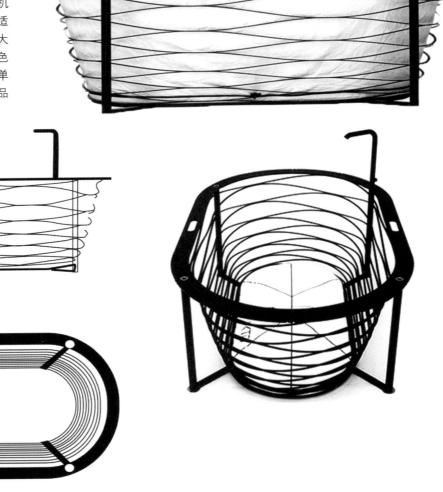

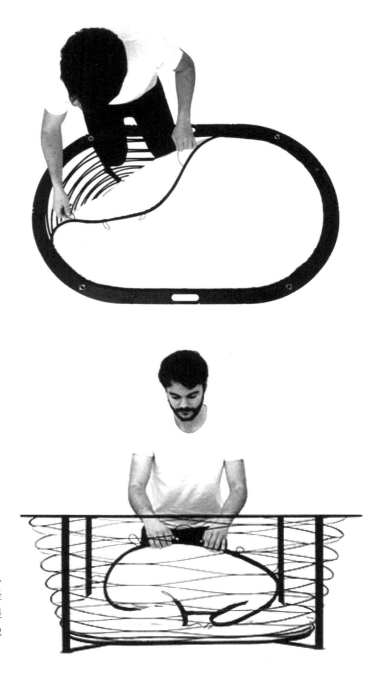

2.13.3 产品材料

　　这个产品是为那些野外宿营并且需要及时行"浴"的人们设计的一款便携式折叠浴缸。整个结构像是伸缩玩具，轻便结实的碳纤维材料和多层复合高性能布料为设计的实现提供了可能，可见材料的使用在设计中还是十分重要的，就像美梦若想成真必须有"料"。

参考资料：https://carina-deuschl.com

2.14 折叠木椅

设计：Jessica Banks & Pete Schlebecker（美国）
制造商：Rock Paper Robot
折叠类型：平行式

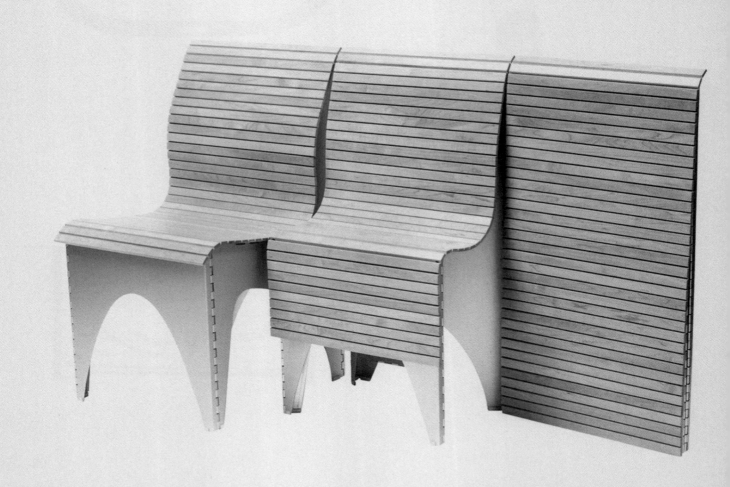

2.14.1 产品形态

现在房价是越来越贵，尤其是北上广这样的地区，寸土寸金，许多人只能退而求其次地选择小户型房子。但房小归小，卧室、客厅、厨房该有的一样不能少，所以这也导致客厅的面积越来越小，甚至放个沙发进去就占了一半的空间。最近，美国一家设计工作室设计师 Jessica Banks 就设计了一款特别的折叠木椅——Ollie，很好地解决了传统椅子占空间的问题。Ollie 收拢时成一个平面，可以挂在房间的任何一个角落作为装饰，当需要时，取下并将折叠木椅展开就可以形成椅子形态，其外形有点像中国老式的乘凉椅。Ollie 很好地解决了传统椅子占空间的问题，即使买上 10 只 8 只，都能很轻松地收到床下或是家具的缝隙中。

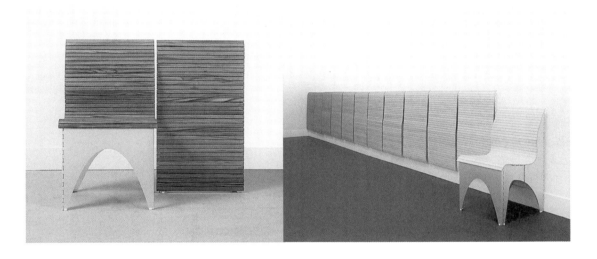

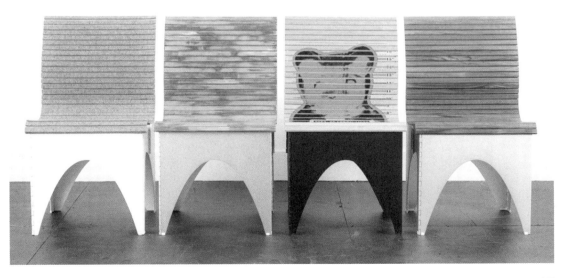

2.14.2 产品结构

Ollie 从折叠结构的角度来说属于典型的平行式与轴心式相结合的折叠结构,据设计 Ollie 的设计师描述,其设计灵感来自折纸,这是通过折纸构建出一种木条安装在铝制框架上的设计。Ollie 在收纳状态下,只需要拎起来抖一抖,原本被收纳起来下的铝制椅脚就会绕着轴心展开,形成一个立方体支撑的形态,上方的柚木板会随着铝制椅脚由平面形成一个座椅形态。要收纳起来也很简单,只需将椅背的把手往外一拽,底部的铝制椅脚就会折叠回来,顶部的柚木板也会垂坠下来,整个椅子就变成了一块优雅精致的薄木板,挂在墙上做壁画都没问题。

2.14.3 产品工艺

Ollie 最大的特点是其可折叠的设计。其和人体接触的部分都采用的是柚木材质,虽然坐上去可能没那么柔软,但是透气性还是很出色的。在稳定性及耐用程度方面也不用担心,Ollie 主体部分均是铝合金和处理过的柚木,防水、防冻、耐压能力强,一只椅子最大可以承受 272 公斤的重量,满足大多数人的需求绰绰有余。此外,Ollie 的座椅部分也不是完全平坦的,其采用人机工程学设计,无论是臀部接触的椅座,还是靠背部分,都带有一定的弧度,长时间坐靠会比较舒服,可谓十分贴心。为了体现折叠椅的装饰作用,椅子的表面除基础款外,还可以选择绘制有各种图案的版本,大大增加了折叠椅的装饰性。

2.14.4 设计其人

　　Rock Paper Robot 是一家坐落于布鲁克林的设计公司。公司致力于设计出具有创造性的可移动和折叠的家具。创始人 Jessica Banks 毕业于麻省理工学院，在创办 RPR 之前，她学习了物理和机器人技术，并且从事过宇航员的工作。Jessica 是一个热爱创新和冒险的人，这样的性格也深深影响着她的设计理念——一切都是可以改进的。这也是 RPR 公司的产品独具创意、从不墨守成规的缘由之一。

　　作为代表作品，Ollie 打破了人们对木材的固有印象，让椅子在使用过程中和人产生了一种交互感：只需要简单的抽动绳子，便可以轻松地折叠或伸展，颠覆了传统的折叠方式，让折叠的过程看起来像是一个魔术表演，一个小动作就能增加人们在使用椅子过程中的愉悦感。这个椅子的问世，满足了人们对于灵活的工作空间以及家具大小可改变、可定制的需求。一个好产品，不仅应具有美观性，还应具有有一定社会价值的"实用性"。

参考资料：https://www.yankodesign.com

2.15 风琴纸凳

设计：刘江华 & 李晓（中国）
时间：2013 年
品牌：十八纸
材料：长纤维牛皮纸、环保植物淀粉胶
制造商：深圳市十八点时尚科技有限公司
奖项：2016 年 IF 设计奖、北京 798 创客创意之星"优秀之星"
折叠类型：平行式

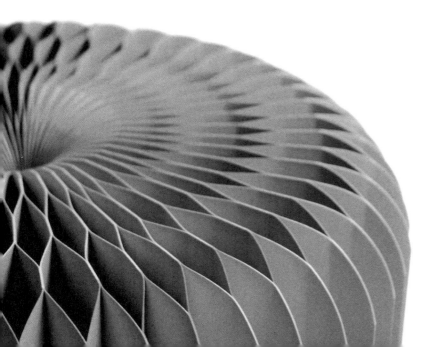

2.15.1 产品形态

常见的折叠椅，有金属椅、竹木椅、塑料椅等，很少有人将折叠椅与纸质材料联系起来。刘江华、李晓夫妇颠覆了人们的观念，创造性地将折纸艺术融入折叠椅设计中，并将其工业化批量生产，多系列可折叠纸质椅进了国家博物馆，登上了时尚电视节目，并在大型商业机构展示，渐渐走进了年轻人的家居生活。

这把风琴纸凳无论是展开后的柱体形态，还是折叠后的书本形态，显示出极强的装饰性，与周边的环境相得益彰。这种折纸形态的家具，折叠起来只有一本书的大小，具备良好的收纳性，放在书架、柜子里都仅占很少的空间；打开却能拉伸弯曲，呈 L 形、S 形、圆形等。随着长短和曲线的变换，它们既是座椅，又像一个个现代艺术雕塑。

2.15.2 产品结构与工艺

　　风琴纸凳从折叠结构角度来说属于典型的平行式折叠结构。风琴纸椅采用高强度环保再生纸（已做防潮防水处理）材料，根据"蜂窝六边形物理抗压性能强"的原理，能承重 1 吨 / 平方米，即使一平方米的平面上站 10 个 200 斤的人也没有问题，相当耐重，且不易变形。这种伸缩纸家具平行式折叠的伸缩比可以达到 1：20，即 10 厘米厚度可以拉伸到 2 米，因此它具有方便实用，便于存放与搬运的优点。另外，其他系列中有靠背的椅子，展开时流畅的靠背曲线弧度，在很好地贴合背部的同时，尽显弧形沙发的优雅与细腻。风琴纸椅粘合采用无异味的植物淀粉胶水，时尚环保，造型新颖多变，还能完全回收。

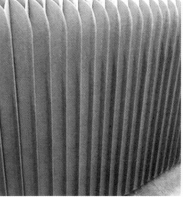

　　材料特点：牛皮纸做成的圆凳具有超强的承载能力，可以承载超过 300 公斤的负荷；虽然是牛皮纸做的，但是经过加工处理后的它，不怕雨水的侵蚀，坐起来毫无负担感；六边形蜂巢结构，具有可拉伸的特性，用完以后折叠起来，省心又省力。

2.15.3 设计其人

这个品牌有个颇为有趣的名字——"十八纸"。据说品牌创始人将其姓氏"李"拆成"十""八""子","子"与"纸"谐音,于是变成了"十八纸",简单好记,还蕴含着风琴式纸家具九曲十八弯般的产品特色。

公司由一对年轻夫妇于 2008 年在北京创立,他们一个毕业于北京林业大学,一个毕业于广州美术学院。2013 年在深圳,他们创办"深圳十八纸时尚科技有限公司"。专注于设计和生产风琴式环保纸家具,是国内首家风琴式纸家具生产商。为了让纸家具更为防水耐用,设计师反复试验,从最初的回收废纸到全进口原浆,从短纤维到长纤维,最终选定加厚加韧的特制防水牛皮纸。为了打破"不经压"的印象,让纸家具"硬气"起来,设计师对蜂巢正六边形设计进行升级,从单一的孔径变成不同产品采用不同孔径,让纸家具看似单薄,其实具有 300 公斤的承受力,无论多重的人都能安安稳稳地坐在上面,不必担心会垮塌。

纸家具用胶,设计师坚持用环保、无异味的植物淀粉胶水。一次没留神用了有气味的胶水,味道特别熏人,设计师直接就把这批货撤了。一沓一沓的纸张、不断的实验、来回寻找加工厂、漫长的产品改良……在这些纸张中,设计师倾注了所有的心血与想象力,不断提升纸张在人们心中的价值,把生活折叠成想象中的形状。"我们的纸家具是不定型的,愿大家的生活也是不定型的,将日子折叠成了想象中的模样"。

参考资料:http://www.shibazhi.com

2.16 旅行水壶

设计：Stanislav Sabo（斯洛伐克）
时间：2013 ~ 2014 年
材料：耐热硅胶和防火隔热材料
折叠类型：褶皱式

2.16.1 产品形态与功能

　　人们出去旅行时，有时会想着可以喝上热乎乎的开水，但是体积超大的热水壶却往往不在行囊之内，这深深困扰着出门在外的人们。我们常见到各种外形或颜色的电水壶，但是你见过可以折叠的电水壶么？来自斯洛伐克的设计师 Stanislav Sabo 为了解决这一难题，设计了一款获得专利的旅行折叠水壶，命名为 Novel（全称为 Novel Folding Kettle）。据说，设计师在旅行中遇到的困扰让他产生了这个设计念头。他在旅行时，想喝热水却总是找不到开水壶，好不容易找到了，又对它的卫生情况产生疑虑，这些问题促使 Stanislav Sabo 设计了这样一个可以携带的水壶，不使用的时候可以折叠起来变得很薄，需要使用的时候就展开。因为它有专门的耐热材料和加热部件，所以只要插上电源、放进水，我们就可以喝到开水或者泡茶、冲咖啡了，真的是很方便。电热水壶整体外观看起来棱角分明，十分富有科技感，并且折叠或展开后，水壶可固定在车辆、船只或飞机侧壁的金属部件上，十分适用于旅行、医疗、安全、救援等。

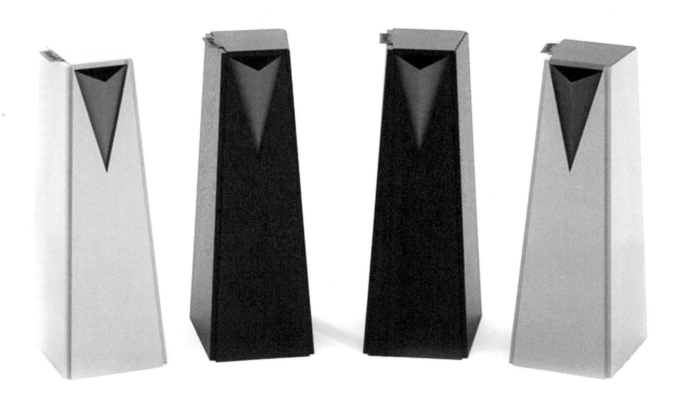

2.16.2 产品结构与工艺

　　旅行水壶从折叠结构角度来说，属于典型的褶皱式折叠结构，利用材料本身的韧性和连接件完成从平面到立体的转换，并在两个维度中双向变化。

　　Novel 的主体采用特制的耐热塑料制成，因此即使壶中的水被加热至沸点，壶身也不烫手。磁性元件还内嵌在主体和电源底座中，使壶身和电源在组合时变得更为简便，并确保使用时的安全性。它最强大的功能当然还是轻便的折叠功能。在折叠后，Novel 甚至可以放在裤袋上随身携带。同时，它不仅可以在家用插座上使用，也同样适用于汽车插座，或者户外的太阳能插座。

　　另外，水壶底座还具备磁性，在颠簸的环境当中也能尽可能地保持稳定。这些功能设计算是一目了然，不过对材料的要求还是高了一些，如果真能量产，应该会有不少驴友和短途旅行的人在背包里备上一个吧，毕竟它在平板状态下几乎不占地方。

2.16.3 设计其人

　　Stanislav Sabo 有一次入住米兰一家酒店后，发现房间里竟然没有配备电热水壶，想喝个咖啡都成问题，于是下决心研发了这款可折叠的便携电热水壶。这款由电源底座与壶身两部分构成的加热设备，其实与普通电热水壶没有太大的区别，只是在瓶身的设计上改用了耐高温塑料和柔软的硅胶进行制作，外形棱角分明，再配上绿色或紫红色的壶嘴点缀，而且可以确保倒水的时候不会洒得到处都是。用户平时可以将其折叠成一个平板，放入牛仔裤后袋，当然也可以塞入包中，需要的时候打开、接通电路就能烧水，适于经常出行但住处没有电热水壶或是一向用不惯旅店水壶的朋友。

参考资料：https://www.yankodesign.com

2.17 折叠勺

设计：Rahul Agarwal（印度）
时间：2014 年
材料：聚丙烯
折叠类型：褶皱式

2.17.1 产品功能与形态

对于老一辈经常下厨的人来说，盐巴下多少，味精下多少，完全是手到擒来的事。但对于现代年轻人来说，每次都得小心翼翼，关键是往往最后吃的时候还是发现，今天菜品煮得还是太淡或者太咸了。于是家里就出现了各种大大小小的勺子，这些勺子功能单一不说，还占空间。一个来自印度的设计师 Rahul Agarwal 就抓住了这个痛点，设计出了一款折叠勺——Polygons。当其展开时，可以充当餐刀，涂抹黄油之类的酱料；当其折叠时，只需要像折纸一样将其收拢，收拢时通过刻录在表面的刻度改变其容量，从而达到一勺多用的目的。这把变幻莫测的折叠勺可以在多种情况下发挥用途，如果将它纳入多孔包装中，它可以作为家用标准勺子；也可以是露营以及乘旅行拖车外出度假的必备品，因为重量轻所以方便人们随身携带；如果将其做成外卖附赠的塑料勺，成本低廉，可以取代一次性勺子，并且不会让环境变得脏乱不堪。此外，不用担心勺子的清洁问题，因为将勺子展开后，即使厚重黏稠得像蜂蜜一样的液体，只要在罐子或瓶子边缘抹一下，就可完全把勺子弄干净。

2.17.2 产品工艺

折叠勺 Polygons 从折叠结构角度来说属于典型的褶皱式折叠结构。它看起来一点也不像普通的勺子。将其展开看，是一块矩形的聚丙烯板，并且在测量值周围刻着一些线条图案。这些线条实际上是合页，它可以让你将这块板变成勺子。当你将这块多边形纵向对折的时候，最终呈现在你面前的将是一个三角形的勺子。折叠勺 Polygons 使用的热塑性橡胶材料可以反复折叠十万次以上，使用寿命非常长，且整体由安全环保的热塑性橡胶材料包裹，不必担心产品使用寿命及使用健康问题。

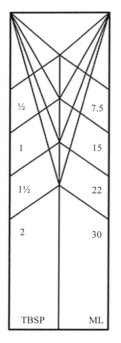

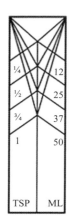

图中清晰地显示了勺子的结构，根据折纸图那样的提示线条可以折出勺子。控制用数字标记的不同点，可以改变勺子的大小。勺子尺寸共有四种：从茶匙到汤匙等。

2.17.3 设计其人

这款由印度国家设计学院学生 Rahul Agarwal 设计的作品，看起来一点也不像常见的勺子。它就是一块矩形聚丙烯板，板上刻有折痕，就是这些折痕可以将这块板变成一个像折纸那样的勺子。

设计者想让这个一体化设计改变人们对勺子的印象。他认为，不是每个人都能为了出色的烹调负担起一组奢侈的勺子。这个折纸型的勺子上面的折痕可以形成容量不一的勺子，以适应人们对勺子的需求。

勺子发明至今已有 3000 多年的历史，很多人以为这个设计已经完善到了尽头。但是 Rahul Agarwal 能够打破这种思想桎梏，挑战传统设计。他在这个传统产品中融入了一些全新的概念：多边形、折叠、扁平化等，使这个古老的勺子仿佛有了全新的生命力。

从中可以得知，设计并不一定是全新的创造，设计也永远不会有止境。我们完全可以从身边最熟悉的事物获取灵感，想一想有没有再次突破的可能性。因为那些成型的设计能历经考验而保留下来，自有其设计巧妙神奇之处，能够给予我们足够的启发。同时，这些设计也并不是完美无缺的，我们应该以实际生活为切入点，尝试寻找这些传统设计的不足之处，并加以改进。在这个过程中，你会发现设计就是要去挖掘无限的可能性，所有的道路都是敞开的，没有尽头。

参考资料：https://www.kickstarter.com

2.18 站立式办公桌

设计：Fraser Callaway，Oliver Ward & Matt Innes（新西兰）
时间：2014 年
品牌：Refold
折叠类型：褶皱式

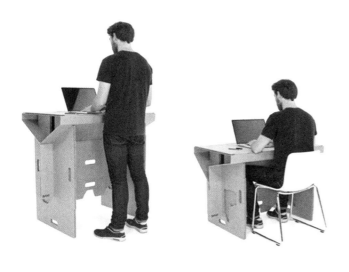

2.18.1 产品形态

在办公室久坐会引发颈椎病等问题，站立办公成为很多人的新选择。苹果公司 CEO 蒂姆·库克最近透露了苹果新飞船总部的一个有趣的细节：每个人都有一个站立的办公桌。同时，他在最近的一次采访中表示："坐着就是新型癌症。"他表示："我们已经给我们所有的员工 100% 地配备了站立式办公桌。如果你能站一会儿，然后坐下来，重复如此，这对你的生活方式会更好。"在站立办公成为新潮流之际，设计师 Matt Innes 重新审视了办公桌设计后，运用折叠原理设计了一款环保的站立式办公桌——Refold。

这款站立式办公桌是专为喜欢站立办公的人们设计的办公产品，具有以下几个功能。①健身功能，由于是站立式办公桌，杜绝了久坐的可能，在办公室中可起到站立运动健身的作用，对于上班族来说，这样一款桌子可以让其更健康；②环保功能，Refold 使用硬纸板为原材料，采用环保胶水黏合，非常环保；③ DIY 功能，前面已经提到过，Refold 使用硬纸板为原材料，这就为使用者提供了 DIY 功能，使用者可以根据自身需要设计自己的个性办公室，如果用户追求个性化，还可以在桌子上作画加以装饰。

2.18.2 产品工艺

这款站立式办公桌从折叠结构角度来说属于典型的褶皱式折叠结构。办公桌采用 7 毫米厚硬纸板做成，重量只有 6.5 公斤，在折合成搬运模式时，普通成人以单手就能够提起移动。为了增加站立式办公桌的稳定性，桌腿部分由三层硬纸板黏合（环保胶）而成，所以整个桌体除了摆放普通的办公用品之外，上面站个人也没问题。整个办公桌采用扁平化设计，共包括五个组件，只需两分钟即可完成组装，无需任何胶水和螺丝。在折叠状态下，桌子变身为一个手提箱，无需额外包装盒。此外，为了满足不同人群的舒适度需要，该办公桌共有大中小三个型号，适合办公室、学校、设计工作室、移动办公使用。

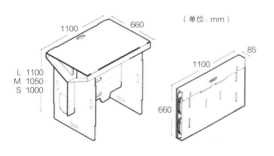

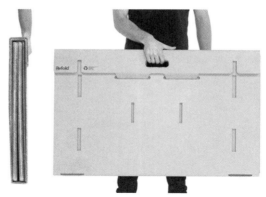

2.18.3 设计其人

Matt Innes 在新西兰和澳大利亚与国际知名的创意机构都有合作。他目睹了战略和创新在转变客户业务方面所拥有的力量。他的工作一直与知名品牌相关：澳新银行、澳大利亚电信、Frasers 房地产集团、SKY New Zealand，等等。 Matt 还在澳大利亚最大的社区服务集团做咨询工作，并将本人获奖的移动设计应用于生活。 Matt 相信 " 三思而后行 "，尤其是在创作作品中。他提出了一系列新的策略和设计的方法，具有解决问题的能力和着眼于细节的企业家心态。

Fraser Callaway 虽然是一位商人，却拥有设计师的头脑和企业家的胆略，在企业、品牌和产品创新方面有独到的见解。他通过清晰的战略思维和强有力的沟通能力，为客户和企业建立关系，提供增值服务。他坚信设计是积极变革的催化剂。其作品在新西兰及其他国家获得认同，赢得了两个红点奖。此外，他还从事过高尔夫职业，这些经历拓宽了技能、毅力和韧性，使他成为一个全面的领导者。

Oliver Ward 认为真正的设计应该把人类经验放在核心，通过精心设计制造的产品，为企业和消费者的利益带来价值。他相信常识和理性思维使企业开发出简洁而高效的产品，提出创造性解决方案的关键。2014 年他获得了两个红点奖。

资料参考：https://www.digsdigs.com

Matt Innes Fraser Callaway Oliver Ward

2.19 咖啡桌

设计：Sigrid Strömgren & Sanna Lindström（瑞典）
时间：2010 年
材料：涂漆胶合板和中密度纤维板
折叠类型：褶皱式

2.19.1 产品形态与功能

　　折叠桌的收纳方式不外乎常见的几种样式，当偶尔看到结构特别的桌子，我们总会忍不住仔细端详感叹一番。瑞典设计师 Sigrid Strömgren 和 Sanna Lindström 通过分析一般人看纸本地图的过程，发现人们总是会不停地翻折换边来调整方位，久而久之这份地图就会充满折线，设计者想把这样的褶皱感复制到桌子上，让整张桌面可以像纸一样被揉过来又折过去。

　　Sigrid Strömgren 与 Sanna Lindström 以纸本地图为概念，将折叠餐桌沿着几条边线轻轻掀开，桌子就会像花朵一样绽放开来，整个过程仿佛在变一个魔术。让桌面可以像杯子蛋糕的纸模一样多角度缩叠成一小块板子，这操作起来似乎很轻松，看起来也很好玩，让收桌子这档麻烦事多了点自娱的乐趣！ 这种新奇独特的折叠方法、多样化的收纳方式，给家居带来别样的体验，同时又充分节约了室内空间，兼具实用性和艺术性。

2.19.2 产品工艺

　　这张咖啡桌从折叠结构角度来说属于典型的褶皱式折叠结构。其上有数条几何折线，人们从桌缘轻轻一掀就会自动折合，再把桌脚往内并拢，整张折叠餐桌的尺寸就会从圆桌缩小成圆凳。桌子采用人造石和胡桃木设计而成。这款咖啡桌新颖奇特的折叠方式、简约时尚的配色深受广大年轻人的喜爱，尤其展开或收起时优雅别致的姿态，让折叠收纳变成了一门艺术。

　　桌子折叠时可以成为一把小凳子，也可以当成一个沙发旁的小茶几，或者将它放在墙角处，更加节省空间。展开时桌面空间大，可以容纳多人就餐。

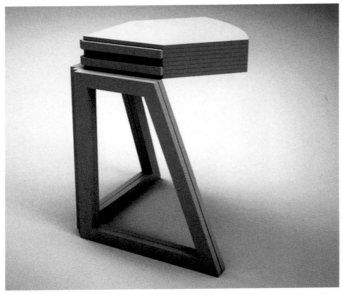

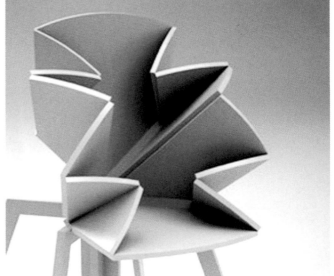

2.19.3 设计其人

Strömgren 毕业于诺丁汉特伦特大学艺术与设计学院家具和产品设计专业。2007 年硕士毕业时，她就开始从事家具项目的设计工作。该项目试图重新设计家具设计中两种噪音最大的产品——管状钢椅和层压板桌。其中一件被瑞典制造商选中。她还通过创新的材料组合和减振结构技术，防止椅子使用过程中噪音的发生，为此她开发了大约 50 种不同的材料组合，测量了每种材料的声级，最终方案获得了专利，并于 2008 年获得红点奖。

这款咖啡桌是她又一个通过大胆实验、反复试验而成的折叠桌子设计。独特的展开和收纳形式吸引着人们的眼球。圆形桌面上有数条几何折线，轻轻一掀桌板就会自动折合，简洁流畅的折叠设计让人惊叹不已。对于大部分城市人来说，合理利用狭小的空间是门艺术。这样的桌子实在是不可多得，既实用，又给室内空间带来艺术氛围。

参考资料：
1. https://www.core77.com
2. https://sigridstromgren.se/about/

2.20 独木舟

设计：Otto Van De Steene & Thomas Weyn（比利时）
时间：2013 ~ 2014 年
材料：新型复合材料（Honeycomb-Curv 聚丙烯材料）
品牌：ONAK
折叠类型：褶皱式

2.20.1 产品形态与功能

　　仁者爱山，智者爱水。旅行少不了游山玩水，有水就要有舟，但不是到哪里都能找到一艘船，除非有一艘可以随身携带的折叠船。传统的独木舟制作使用的是木材，造成独木舟沉重且不易搬运，且制作时不仅耗费大量的人力物力，还不环保。为了摒弃传统制作工艺，比利时设计师 Otto 与 Thomas 设计发明了一种折叠式独木舟。该独木舟可乘坐 2 人，不仅十分轻便、容易收纳，还附有轮子可以随时拖动。这艘独木舟的设计概念来自折纸艺术，船身的材料是专门研发的，不仅坚固耐用（可承受数千次折叠），还十分轻巧且浮力极强，就算船内灌满了水也不会下沉。

2.20.2 产品工艺

　　折叠独木舟从折叠结构角度来说属于典型的褶皱式折叠结构。船身由一块长方形的板子，像折纸那样折叠而成，并用绳子固定，形成长 180 厘米、宽 40 厘米、深 25 厘米的独木舟。关键是，组装过程仅需 15 分钟，收纳则需 10 分钟，收纳完成后折叠的独木舟会变成 120 厘米高的箱子，箱子预留空间能将船桨放进去，并且，为了让使用者方便携带，箱子底部安装有轮子。这款折叠独木舟的发明，相信会让更多人参加这项轻松、惬意又迷人的休闲运动。

　　这个产品可以折叠、便携，还具有环保意义。传统的独木舟沉重且不易搬运，制作时会耗费大量的人力物力，由于使用了传统的木材，就需要砍伐整棵大树，不环保，且容易损坏。而这款产品的工业化量产，可以让更多人享用。

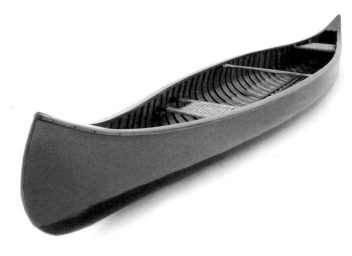

2.20.3 设计其人

这个独木舟是 Otto Van De Steene 和 ONAK 联合创始人 Thomas Weyn 花了两年多的时间制作出来的。独木舟材料的选择花了很长时间，最后确定了自定义开发的 Honeycomb-Curv 聚丙烯材料，利用 Econ Core 技术进行整合，其强度是普通聚丙烯材料的 10 倍。值得一提的是，独木舟的蜂窝复合材料可实现回收和再利用。

设计的目标是使每个人在任何城市都能够使用独木舟。只要对独木舟进行折叠，其尺寸甚至小于手提箱，运输极其方便。ONAK 公司的复合材料产品在德国和比利时进行生产，船体的后期组装将在欧洲完成。 这个产品让人想起童年时的折纸玩具，独木舟的折痕与手工折纸非常相似。甚至可以说，这件产品就是一个优秀的折纸作品。令人钦佩的是，这个作品将儿童折纸的原理应用到船体结构上，这是很大的突破。从折叠独木舟联想到折纸玩具并不难，但从折纸联想到折叠独木舟又是另一番境界，这是一种逆向思维的挑战。我们都尝试过用折纸的方式来做成具体产品，而这家公司居然将实物做得如此成功。诚然这件产品还不够完善，对于新手来说，有组装起来较为复杂等缺点，但这不失为一种创新，一种别出心裁的设计。

参考资料：
1. https://onakcanoes.com/m/
2. http://www.sohu.com/a/122466113_477305

2.21 移动屋

设计：Manuel Bouzas Cavada, Manuel Bouzas Barcala & álvarez García（西班牙）
时间：2017 年
地点：西班牙洛格罗尼奥
折叠类型：褶皱式

2.21.1 产品形态与功能

我们小时候都有折纸的经历，经验告诉我们一张纸是无论如何也站不起来的，经过折叠后的小船、千纸鹤才能站立起来。同样的道理，一块木板竖起来会倒，经过精确折叠设计，不仅能自身站立，还能承载更多东西。西班牙三名建筑师Manuel Bouzas Cavada、Manuel Bouzas Barcala 和 álvarez García 设计建造的移动屋 03 系列的移动屋正是演绎这个道理的范例。同时，作为户外展馆，设计师试图通过其独有的建筑外形设计让其"变得复杂、显眼、厚重、明亮"，从而达到引人们注意的目的。据了解，设计者的想法十分简单，即想要创造一座标志性构筑物，一件有吸引力的展览品，从而激发人们的好奇心，吸引城市居民的注意。移动屋建成后也确实以其标志性特征和独特几何形态，在假日节庆活动中显示出独特形象，十分吸引人，所以其非常适合在商贸和广场活动中作为临时建筑使用。

2.21.2 产品结构

移动屋的基本结构采用折纸中的褶皱原理，将纸换成了胶合板，板之间则由金属铰链连接而成。褶皱构成了小屋的表面肌理，也是小屋能拆卸移动的基本结构。这种胶合板没有使用任何支撑结构或附属结构，只用了 39 块胶合板作为原材料进行自我支撑。当所有面板都完成了连接，在重力之下，移动屋就像是一张折起来的纸，并通过白天与黑夜灯光的变化而转变氛围，诱发出来往人群对空间的新解读。

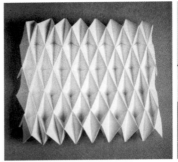

移动屋采用胶合板作为基本材料，且没有任何支撑或附属结构。所以搭建和拆卸过程相当简单快捷，不需要大型吊装车辆就能完成。

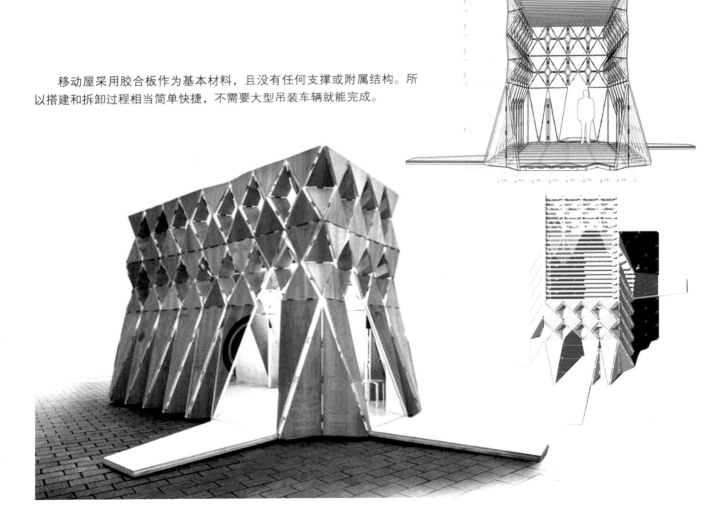

2.21.3 设计其人

自 2015 年起，设计团队以跨学科研究作为设计基础，致力于各种小尺度项目，并参与改造设计、竞赛等，大部分项目在西班牙加利西亚自治区进行。Manuel Bouzas Cavada 是拉科鲁尼亚大学建筑技术学院的建筑师，在设计、项目管理、地产开发和城市化等领域拥有 25 年的丰富经验。同时，他还积极地参与项目咨询、研究，是研究生院的客座教授。

Manuel Bouzas Barcala 和 álvarez García 是两名来自马德里建筑学院的年轻建筑师。他们的学术道路遍及世界不同的城市，如马德里、里斯本、圣地亚哥（智利）、首尔和东京等。他们曾与 Aires Mateus and Associates 和犬吠工作室合作一系列建筑研究项目。

参考资料：http://www.hisheji.cn/?p=33223

2.22 备餐盛器

设计：Antony Joseph（英国）
时间：2008 年
地点：英国伯明翰
奖项：2009 年红点奖
品牌：Joseph Joseph
折叠类型：重叠式

2.22.1 产品形态

　　说起厨具产品，人们都会关注 Joseph Joseph 这个品牌。这个品牌的产品
设计之新颖、对用户需求考虑之到位、外观之时尚，几乎让所有第一次见到
Joseph Joseph 产品的人都会为之惊艳：为什么世界上会有这么厉害的厨房工
具！该公司目标是要使现代主妇们拥有整洁、时尚而便捷的厨房生活。该公司
设计生产的烘焙碗系列被称为 Nest，其设计灵感缘于烘焙的工具大多收纳起来
很复杂，工具收纳压力大。该设计最多的系列是用一个碗收纳了九件烘焙用具
套装。以 Nest 9 Plus 为例，烘焙工具多而复杂，这个设计对烘焙每一道工序
所需的器物作了优化设计，最外层的是大型防滑搅拌碗，依次为过滤器、不锈
钢网筛、小型混合测量碗、测量杯、汤匙等。这个设计的最大特点就是收纳功
能，其叠放模式让九件器物有规律地组合在一起，占用了最小的空间。

2.22.2 产品工艺

本系列产品从折叠结构的角度来说属于典型的重叠式折叠结构，即典型的套娃式重叠结构，将相似外形和同类功能的厨房用品设计成嵌套模式，使得九件物品按大小顺序叠放在一起，避免每一个杯碗之间的接触，同时，不增加收纳后的高度，大大节省了厨房橱柜的空间。

此外，这个产品有一个富有想象力的名字——彩虹碗。这个名字源于整套产品的色彩设计，整套产品中各器具的颜色分别为赤橙黄绿青蓝紫等高饱和度色彩，放在一起呈现出渐变效果，使得产品在光线和律动曲面下塑造出优雅的雕塑感。相信 Nest 烘焙碗重叠的结构设计、鲜艳的色彩在为单调而呆板的厨房增添明媚色彩的同时，能让麻木或厌倦繁杂家务的主妇们在厨房烹饪中找寻到新的乐趣。

沥水碗
清洗水果、蔬菜或为刚出锅的面条、饺子等沥水

筛网
筛滤面粉、玉米面等

小号搅拌碗
和面、拌菜等

大号搅拌碗
和面、拌菜等

量勺 15 ~ 250ml
根据需要，用不同容量的量勺取面粉、牛奶等

2.22.3 设计其人

Joseph Joseph 的品牌创始人是一对双胞胎兄弟 Richard Joseph 和 Antony Joseph。两兄弟虽然是双胞胎，但是性格和特长都大不相同。正是这些不同，才碰撞出了独树一帜的创意火花。进入厨具制造业并非偶然，当年，他们的父亲在伯明翰经营玻璃制造公司，公司的副线产品就有玻璃砧板等厨具。2003 年，他们卖掉了父亲给予的公司股份，创立了 Joseph Joseph。两兄弟各自发挥特长，中央圣马丁艺术学院毕业的 Antony 负责产品设计开发，剑桥大学商学院毕业的 Richard 负责市场营销。短短十几年，公司就从初创发展到现如今远销 20 多个国家及地区。Joseph Joseph 的成功绝非偶然，无论在价格、产品定位以及设计上，都有着自己独特的优势。虽然产品价格在众多厨具里不占优势，新颖又实用的设计以及环保耐用的材质让它在厨具行业中脱颖而出，吸引着越来越多的来自全世界的用户。其在中国国内也拥有大量用户。这个由两个大学生创立的品牌，短短十几年时间已经由一个英国本土小型工厂发展成畅销全球的厨具品牌，并创造了相当于 3 亿人民币的销售额，这就是设计的力量！

参考资料：Joseph Joseph 中国官网

2.23 手提灯

设计：Jesper Jonsson（瑞典）
时间：2014 年
材料：帆布、太阳能板、皮革等
折叠类型：重叠式

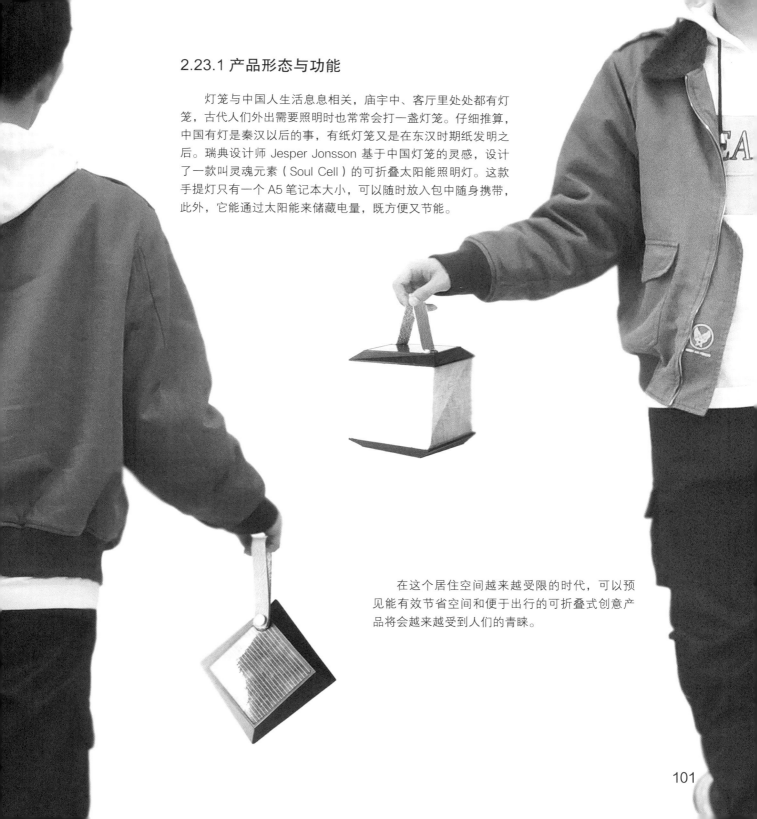

2.23.1 产品形态与功能

灯笼与中国人生活息息相关，庙宇中、客厅里处处都有灯笼，古代人们外出需要照明时也常常会打一盏灯笼。仔细推算，中国有灯是秦汉以后的事，有纸灯笼又是在东汉时期纸发明之后。瑞典设计师 Jesper Jonsson 基于中国灯笼的灵感，设计了一款叫灵魂元素（Soul Cell）的可折叠太阳能照明灯。这款手提灯只有一个 A5 笔记本大小，可以随时放入包中随身携带，此外，它能通过太阳能来储藏电量，既方便又节能。

在这个居住空间越来越受限的时代，可以预见能有效节省空间和便于出行的可折叠式创意产品将会越来越受到人们的青睐。

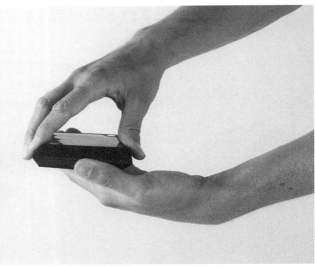

2.23.2 产品结构与工艺

手提灯从折叠结构的角度来说属于典型的重叠式折叠结构。 瑞典设计师 JesperJonsson 带来的这个手提灯可以轻松变形，充电或者不使用的时候，可以把它折叠成饼状以减小体积，夜间使用时只要将其旋转扭开，内部的 LED 就会点亮，放大如灯笼一般提供照明。虽然它不见得会很亮，但在没有电灯的野外，还是很有用处的。灯的顶部有一块太阳能充电板，白天可以将太阳能转化为电能，晚上再将电能转化为光能释放出来，实现环保照明的目的。此外，这款灯还附带有磁铁的带子，方便通过多种方式将小灯挂起来使用。在材质上，设计师为了体现中国传统灯笼的质感，灯主体采用帆布。这种材料会过滤较强的光，使灯光柔和不刺眼，灯光也会映射出布的纹理，增加灯光的美感。与此同时，帆布材料的易折叠性使得使用者完全可以将其装在兜里随身携带，满足了各种需求，尤其是对于野营旅游者而言。

皮制挂绳——便于手提和悬挂在高处使用

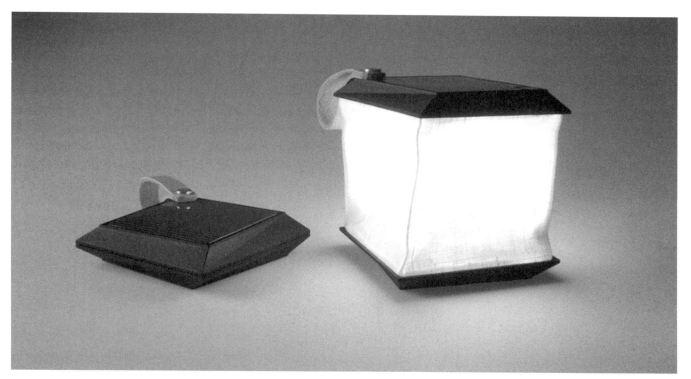

2.23.3 设计其人

Jesper Jonsson 是一位年轻的瑞典设计师，在他的设计中总能看到这个世界上年轻人心中的美好特质。他的作品大都关于医学，关于科技，关于年轻人喜爱的运动、户外，这些作品表达了他所期待和所向往的。

折叠虽然更多的是用于减小产品体积，便于用户收纳，但是如何实现折叠，每个设计师都有他们不同的想法。Jesper Jonsson 在"折叠"这件"小事"上，下了大功夫。他没有选择常见的对折或卷曲，而是采用了在折叠中加入旋转的方式完成对体积的压缩。这样的方式给我们的启示是，在设计过程中，不能局限于常见的方式，要多看、多思考、多尝试，去寻找更合适的方式。

参考资料：http://www.jesperjonsson.com/

2.24 折叠头盔

设计：Closca Design（西班牙）

时间：2015 年

奖项：2015 年红点奖、Eurobike 最佳骑行产品大奖

材料：PC 和 EPS（聚碳酸酯和发泡胶）

品牌：Closca

折叠类型：重叠式

2.24.1 产品形态与功能

共享单车风靡全球，在给人带来方便的同时，也随之带来了一些麻烦，安全问题就是其中之一。很多国家的交通法规定骑行时必须佩戴头盔，因为自行车头盔对于骑行者来说是保障安全相当重要的一部分。但是头盔的缺点是不用时会显得很占地方，这时候一个设计精巧的折叠头盔就会让骑行者感受到真正的关怀。为此，Closca Design 设计公司打造了一款专为日常通勤使用的自行车头盔——Closca Fuga，这款头盔一经推出便得到了一大批"外貌协会"的认可。其巧妙的结构设计，让头盔折叠时能够减少 50% 以上的体积，人们可以将其轻松地放入背包之中。展开时，Fuga 显得光洁圆润，折叠部分的间隙可以很好地透气散热，让骑行者有更舒适的佩戴感受。头盔内部材料及设计与一般产品无很大区别。但是在头盔底部的灰色部分，是类似帽檐的设计，采用魔术贴技术，可以脱卸。头盔内部还带有一个头部的包覆系统，包覆带可以贴紧后脑勺，在使用中可以起到防止头盔晃动的作用，使得安全性提升。

创意源于公司创始人 Closca Ferrando 的夫人，热爱骑行的她一直试图摆脱传统头盔的笨重感，打造一款属于都市潮流的时尚头盔，经过 Closca 公司设计团队的努力，最终诞生了这款高颜值且实用的骑行折叠头盔。

2.24.2 产品结构与工艺

　　折叠头盔从折叠结构的角度来说属于典型的重叠式折叠结构。Fuga 采用的是一种由上向下的压缩式折叠方式，其压缩后的体积只有一般头盔的 50%。同时，借由收纳折叠功能所形成的螺旋结构，也最大限度地确保了骑行时头部的通风系数。压扁后的折叠头盔只有 2.36 英寸（1 英寸 = 2.54 厘米）的平底锅大小，整体重量约 250 克，可以轻松地放进背包里随身携带。

　　当然，在保证便携性的同时，头盔最基础的安全性才是最重要的。头盔采用玻纤加强结构，PC 和 EPS 材质，符合欧洲 EN1078、美国 CPSC 和亚洲安全认证。特别贴心的是头盔帽檐的可拆卸设计，爱干净的人们可以随时把它拆下来清洗，非常方便。

　　为了让头盔更加安全，头盔分为大中小号码，更贴合头部，更舒适，也更安全。而且，这还是一款"智能"的骑行头盔，可以通过 NFC 将头盔连接到手机，让骑行的人们在线获得专属头盔信息。

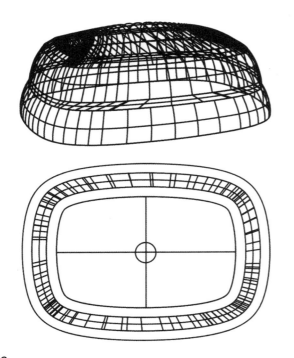

2.24.3 设计其人

Closca Design 设计虽然不是专业的骑行设备研发公司，但是他们却很懂人的隐性需求。他们发现大多数人都喜欢用自行车来通勤，于是加入瓦伦西亚基础战略，并联手知名创意顾问公司 CuldeSac，目的在于使 Closca 的设计更贴近城市骑行者的生活方式。Closca Fuga 折叠自行车头盔的创作过程融合了城市骑行者长久以来反馈的意见，骑行者的喜好、意见和希望不断使 Closca 新产品更加完美。

参考资料：https://closca.com/products/fuga-helmet?variant=53832191509

2.25 建筑师包

设计：Nendo 工作室（日本）
时间：2015 年
品牌：TOD'S（意大利）
折叠类型：重叠式

2.25.1 产品形态与功能

为了保护图纸不被压坏，建筑师们通常都会配备一个图纸存放筒。但现在起，他们又多了一个选择。近日，以豆豆鞋出名的鞋履品牌 TOD'S 就推出了由日本创意设计工作室 Nendo 专为建筑师人群设计的"建筑师包"。建筑师包的设计充分考虑到了建筑设计行业从业人员的需求，用户可以根据自己实际需要收纳的物品大小通过折叠手段来变换包的形状。建筑师包的折叠方式看似简单，仅仅采用对折重叠的折叠方法将包做了巧妙的改变，但简单的背后是设计者对建筑师工作需求的仔细研究与对折叠结构的充分了解，这样才能设计出这款方便建筑师携带图纸的包。

2.25.2 产品结构

　　建筑师包从折叠结构的角度来说属于典型的重叠式折叠结构。这款包的设计理念是根据所放物的不同，通过折叠改变其功能。所以，若将建筑师包展开最大化，整个提包可以容纳一张完整尺寸的 A3 图纸以及日常使用的绘图工具；将其对折，又可以变身成为两个体积相等的储存空间，可以容纳 A4 纸大小的文件、书本以及常用的设计工具。当然，如果少了文件的束缚，也可以收起两个提带，包瞬间就变成了一个手提皮包，便捷且时尚。

2.25.3 设计其人

Nendo 工作室曾被评为"备受世界瞩目的日本 100 家中小企业",获得米兰 Design Report 特别奖、GoodDesign 奖等。掌门人佐藤大 2006 年被 Newsweek 评为"最受世界尊敬的 100 位日本人"。

佐藤大 1977 年生于加拿大,2000 年以第一名的成绩毕业于早稻田大学理工系建筑专业,同年成立 Nendo 工作室。他不到 40 岁就已经在国际市场上获得无数的赞誉和大奖,而且涉猎的领域广泛,在各个方面都有相当高的成就。佐藤大少年时期才从加拿大返回日本,他的作品中并没有背负所谓的"日本风格"的使命,作品中除了日式的清新简洁和绝对的功能美学,还有他一直强调的"违和感"和"幽默感"。

以"面"来思考,他将平面思维运用到商业设计中。他主张,在设计时让人们明白为什么要开发这个产品,设计理念如何,给人们的生活带来什么影响。这种影响不仅限于当下,还要发展性地看待,在昨天、今天、明天形成的整个时间轴上来分析。产品宣传已经不再是靠创意来强化消费者对其品牌的记忆性,而是在用平实的方式告诉大家设计细节与提升生活品质的关系。以面来思考,彰显出企业特色和品牌效应。

参考资料:
[日] 佐藤大,川上典李子 . 由内向外看世界 [M]. 邓超,译 . 北京:北京时代华文书局,2015.

2.26 便携座椅

设计：Mono+Mono 设计团队（丹麦）
时间：2015 ～ 2016 年
材料：玻璃纤维、强化聚碳酸酯、金属等
品牌：SITPACK
折叠类型：重叠式

2.26.1 产品形态

　　坐公交或地铁时排队、在火车站候车、在飞机场候机、约会时等人，又或者去郊外徒步等，这些看似不相关的行为之间其实都有一个共同需求，那就是"歇歇脚"。这也是布置在公共场所的那些不同形态座椅的用途之所在，现实中到处存在着供不应求的情况。然而不久前，丹麦的 Mono+Mono 团队设计并开发了一种便携式的人体工程学座椅——Sitpack。这种椅子经折叠后小到可以收容到背包甚至裤兜中，带上它，无论在车站候车、参加露天活动，还是户外运动途中想要休息，可以随时享用一张舒适的座椅。

2.26.2 产品结构与工艺

便携座椅 Sitpack 从折叠结构的角度来说属于典型的重叠式折叠结构。Sitpack 在折叠的情况下是一个圆柱体，直径 6.6 厘米，长度仅有 16.8 厘米 ，大约是一个 500 毫升易拉罐的大小，装在包里几乎不占用什么空间。当然，如果愿意的话，还可以装在裤兜中。Sitpack 的折叠结构和折叠伞很接近，具备单根的多节椅子腿，其长度可以在 17 ~ 87 厘米间调整，顶端撑开的坐垫部分宽 33.6 厘米，整个椅子呈 T 形，可以支撑最多 130 公斤的体重。除此之外，还有 5 种不同颜色的款式可供选择，可满足不同身材、不同体重的绝大多数消费者的需要。

便携座椅 Sitpack 展开后，从整体上看似乎是非常骨感的椅子，但是却有着坚固结构。其原因是座椅的全部结构材料不含金属，完全由聚碳酸酯材料组成。聚碳酸酯具有很强的韧性和冲击强度，耐疲劳性好，同时这种材料密度较低，使得 Sitpack 的重量只有 380 克，十分

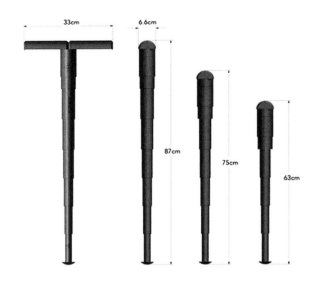

轻便。便携座椅腿部采用的是类似于螺丝扣的结构来固定长度，固定时只需握住上下两端逆向旋转半圈。这一固定结构是 Sitpack 革命性的创造，设计者采用了与同类便携座椅完全不同的结构，在保证椅子牢固性的前提下，大大提高了其可调性。同时，这种创造性的固定结构也是 Sitpack 折叠体积小的重要原因之一。Sitpack 的另一特点是其人体工程学设计，坐在上面时，人体的重心将置于椅子腿与脚的中间，也就是脊椎的正下方。这种结构有助于使用者挺直腰背，缓解疲劳感，同时自然弯曲的两腿还能促进血液循环。这样看来，即便没有椅背，Sitpack 也能提供不亚于传统人体工程学座椅的舒适感。

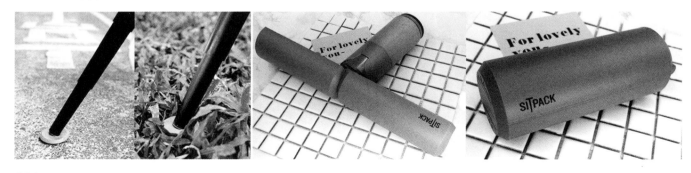

2.26.3 产品功能

这张堪称全球最小的便携座椅，说它全球最小可一点不过分，小到比一个易拉罐大一点，小到比手机大不了多少。关键在于 Sitpack 不仅相当轻巧便携，而且折叠和展开时也相当简单便捷，只要几秒钟时间，就可以将其打它，再重新折叠回去。别看它身影单薄，能耐却不小，整个产品采用强韧的聚碳酸酯材料，加以符合人体工程学的结构设计，不仅能承受 130 公斤的重量，还能拥有舒适的落座体验。

参考资料：https://sitpack.com/

2.27 飞碟吊灯

设计：Nick Crosbie（英国）
时间：1996 年
材料：PVC、塑料、金属等
品牌：Inflate
折叠类型：充气式

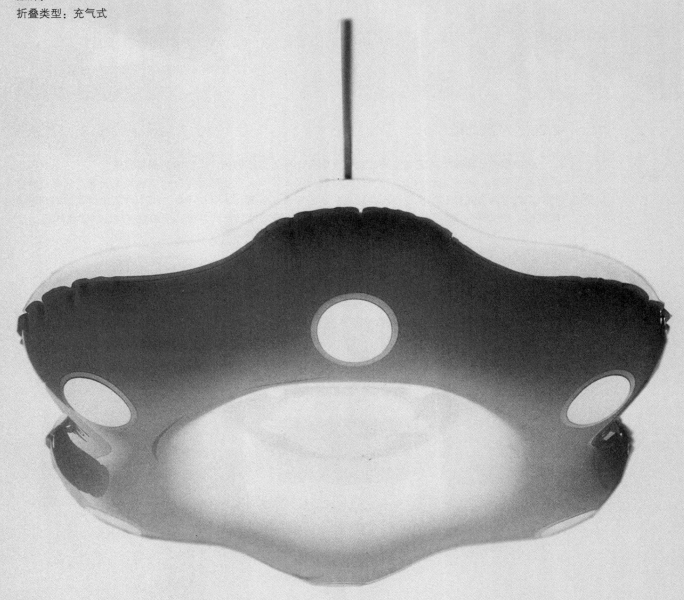

瓶塞

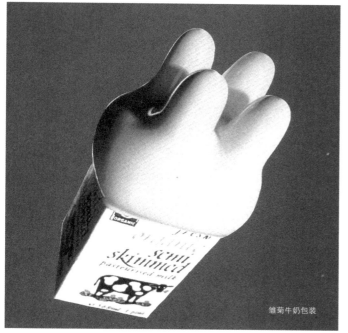

雏菊牛奶包装

2.27.1 产品形态

这款吊灯充气形态独特。设计师 Nick Crosbie 认为，设计能给生命以意义，更能给生命以生动的意义。

空气塑造的形态给人以丰富的形象启示。这种形象可以将观念附着在形态和色彩上。工作室从 1996 年开始研究充气产品，设计了小到梳妆镜，大到户外大型帐篷等不同的产品。不管产品大小，都会从产品的材料、工艺开始研究，特别是充气产品的重要元素——空气。所以，他们把这个项目称之为"设计空气"。

2.27.2 产品材料

　　这款充气灯具由于其独特的造型能格外引起人们的兴趣。其折叠的优越性还体现在包装上，PVC 灯体、支撑塑料片，以及安装说明，所有材料都有"扁平化"特质，外包装是一个很节省运输空间的纸包装。从这一点上看，虽然它是 20 世纪的产品，但已经具备现代网络销售的特点。

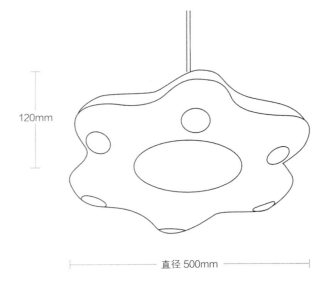

2.27.3 产品工艺

　　吊灯外形有点像太空飞行器，所以取名为"飞碟吊灯"。PVC 和充气给造型提供了更大的自由度。也就是说，同样的工艺和材料可以提供不一样的造型，在娱乐场所、酒吧、幼儿园、养老院等都可以使用，甚至可以用作"广告灯"。灯具主体由 PVC 材料构成，其展开面用电热熔焊接而成。LED 灯泡与塑料薄膜的组合设计，可以变化成各式各样的造型，如水果、杯子、葡萄酒瓶等，还可以变换更多的色彩。

塑料袋里装有灯具部件和说明书

安装图纸

安装说明书

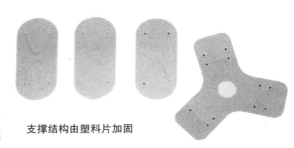

支撑结构由塑料片加固

2.27.4 设计其人

这些"设计空气"的产品是由伦敦最具创造力的设计工作室设计的。Nick Crosbie 与 Mike Sodean 兄弟俩于 1995 年开始研究充气设计，他们绞尽脑汁思考产品的工艺，穷尽一切可能性，以获得对于基础和各种细枝末节最深刻的体会。

设计充气产品不能用同样的材料和生产过程来表现每一个项目，重要的是要有一个整体的感觉，并将外在的影响和过程囊括进来。然而，探讨一个产品加上设计之后会怎么样却很有趣。举个例子，设计充气汽车几乎是不可能的。但是这个想法却能开启多种可能性，在众多不可能中，材料会成为最终的解决方法。设计充气汽车会有许多问题，这就要重新考虑什么是汽车，重新考虑设计与时尚的关系。充气产品的材料以塑料和橡胶为主，设计师要从制作过程的层面来影响设计。

小型产品设计和大型产品设计的差异是很大的，小型产品必须对材料、细节和包装等环节高度敏感。设计很小的物品有时需要和大型物品一样多的时间，经常要面对紧缩的预算，用心把握设计过程的每一步是达到最终效果的关键。而设计大型物品更加注重动力学、安全、运输、环境和储藏问题。

参考资料：
1. [美] 梅尔·拜厄斯 . 50 款产品 [M]. 邓欣楠，谢大康，译 . 北京：中国轻工业出版社，2000.
2. 艺术与设计 . 产品设计编辑部 . 设计空气 [J]. 艺术与设计·产品设计，2002, (06): 9-10.

这是一个竹项目。将竹子的坚固和充气材料灵活地结合在一起。这个项目的想法是创建未来生活的环境，将自然和人工巧妙地结合起来。

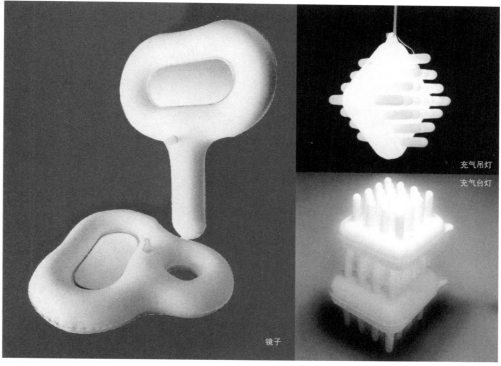

充气吊灯

充气台灯

镜子

2.28 户外沙发

设计：BEAUTRIP（美国）
时间：2018 年
材料：降落伞尼龙布、防水涂层
制造商：深圳市赛骑科技有限公司
品牌：BEAUTRIP
折叠类型：充气式

2.28.1 产品形态

　　这款户外沙发充分发挥柔软材质和充气结构的优势，并根据人体工学曲线设计，可将人的身体均匀撑托，提升了沙发舒适度。充气沙发的最大优点在于便携、质轻，放气后收纳起来非常方便；使用前充气时无需借助工具，其过程非常环保、简便。

2.28.2 产品材料与结构

　　这款沙发使用典型的充气式折叠结构；选用尼龙降落伞材质、防水涂层；采用高频拼接、高温热熔；充气操作方便，无需借助工具，任何人都可以做到。其充气步骤：初次使用时需要将整个充气沙发抖开后摊平，然后手拿进风口边，充分展开；如在室外可以迎风奔跑快速充气，在室内则可以借助电风扇；灌气完成后迅速卷起进风口，然后卷紧，直到充气沙发鼓足空气，反向扣上子母扣即可。

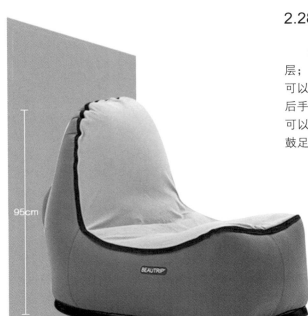

2.28.3 产品工艺

　　这款沙发采用单层尼龙面料，袋体为降落伞尼龙材质，耐磨、耐撕裂，并采用400℃高温热熔胶拼接技术，二次加固，不会漏气。

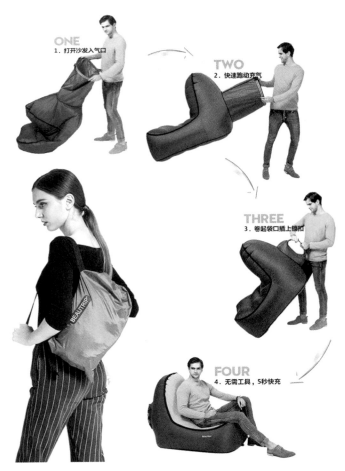

ONE
1. 打开沙发入气口

TWO
2. 快速跑动充气

THREE
3. 卷起袋口插上锁扣

FOUR
4. 无需工具，5秒快充

2.28.4 产品功能

　　充气沙发因其多功能性及实用性，已经成为居家生活的必备品。充气沙发的主要市场领域是年轻时尚用品和旅游用品。它摆脱了传统家具的笨重，在室内室外可随意放置。放气后体积小巧，收藏、携带方便，可节省宝贵的空间。周末或假日，无论是外出露营，还是朋友聚会，充气沙发都可派上用场。朋友们围坐在充气沙发上品茶、聊天、看电视，既实用，又舒适。如今，色彩缤纷、晶莹剔透、形态奇异、造型别致的充气式沙发广受年轻消费群体的欢迎。

参考资料：https://www.beautrip.org/

2.29 旅行包

设计：Markus Freitag & Daniel Freitag（瑞士）
时间：2017 年
地点：瑞士苏黎世
品牌：FREITAG
折叠类型：卷式

2.29.1 产品功能

　　随着人们特别是年轻人活动的日益频繁，其对于旅行箱包产品的要求不断提升，采用设计创新战略占领消费市场已经成为企业共识。来自瑞士的 Markus Freitag 与 Daniel Freitag 兄弟就充分抓住创新战略，设计出一款卷式旅行包。这款旅行包由于其环保理念和产品所用材料的独一无二而在全世界广泛销售。其独特性在于用卡车防水布做背包的布面，用自行车废旧的内胆做滚边，用汽车的废旧安全带做背包带。这款可折叠的旅行箱包不仅极大地减轻了旅行箱的重量，而且折叠后的体积不超过两升酒的大小，所占用的空间是极少的。其制作材料的选择，不仅践行了环保理念，还赋予了它艺术性和独特性。每样产品都是独一无二的，使用者能轻易地从一堆行李箱中分辨出属于自己的那个。其外观设计也很美观大方，因此受到了许多年轻人的追捧。

2.29.2 产品工艺

　　旅行包从折叠结构的角度来说属于典型的卷式折叠结构。很难想象这款折叠旅行包的内部不含有通常的金属框架。为了在降低自身重量的同时不失稳定性，其以自行车内胎取代了金属框架，并采用具有防水功能的旧卡车篷布作为表层材料，使得这款旅行包没有金属框架也有足够的承载力。上述材料的运用，使得旅行包在极具可折叠性的同时，充满了陈年的风霜感，因此使用者不会有使用新包时怕把它弄脏的心情，可以说是拿起来随便用。另外，每个旅行包均为手工缝制，加上帆布的不同以及每次裁取位置的不同，所以他们生产的每个包都可以说是独一无二的，完全不用担心撞包问题。

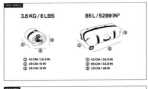

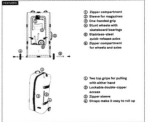

2.29.3 设计其人

　　FREITAG 设计的可贵之处不仅践行了可持续发展的理念，还赋予了产品更多的意义，比如独特的个性、复古的情怀、古朴的质感、新颖前卫的设计和牢固可靠的质量等。品牌创始人是瑞士的一对兄弟——Daniel Freitag 和 Markus Freitag，公司创立于 1993 年。20 岁左右的兄弟俩都是设计师，也都是骑车爱好者。但在苏黎世这个多雨的城市骑行，需要一个既能承重又能防水的自行车邮差包。兄弟俩找遍整个瑞士都没有这样的产品。因为是设计师，兄弟俩决定自己做一个这样的包。关键问题是，不知道什么原材料合适，就只能到处转，寻找灵感。有一次雨天，一辆卡车引起了兄弟俩的注意，他们看到卡车篷上的防水篷布，心想，这不就是想要的防水材料吗？

　　兄弟俩发现篷布上的图案是很特别的设计元素。于是决定用使用过的卡车防水篷布来设计一款包。他们用一个下午完成设计图，到货运公司找来一小块卡车篷布，用缝纫机缝了一天左右，做出了史上第一个卷式旅行包。兄弟俩并没有满足于自己使用，而是决定以这款包为创业方向，成立了 FREITAG 公司。刚起步时，人们并不看好这个产品，觉得是在胡闹。

　　很长一段时间，兄弟俩找不到合作伙伴，只能自己动手。拿到卡车篷布后，所有的制作与加工都在面积很小的公寓里完成。首先要在浴缸里清理脏兮兮的材料，然后裁剪切割这些沉重的篷布并缝成包。许多年过去了，这一工作流程如今搬到了位于瑞士苏黎世北部的工厂。公司专门向欧洲 5000 多家卡车公司采购卡车篷布，每年回收 460 多吨卡车篷布。这些回收来的篷布，被送入工业洗衣机，用回收雨水清洗并晾干，然后由包袋设计师凭借自己的美学理念，进行切割、缝制。在一向不走寻常路的时尚创意人群眼中，个性环保、结实耐用的 FREITAG 旅行包不只是一个包，是一种生活方式，更是一种身份的识别。

　　在世界各地，往往是先有了一大批粉丝，FREITAG 才来开店。2014 年，在网络上看到中国有庞大的粉丝团，又过了几年，他们才决定来中国找合作伙伴。因为有品牌和粉丝先行的优势，FREITAG 店址不选最好的位置。往往是不那么热闹的地方，可以减少运作成本，但依旧吸引着狂热的粉丝。越来越多人开始认同可持续的消费模式。FREITAG 的意义在于：它的"破旧"在懂的人眼里，是一种独一无二的存在。

参考资料：https://www.freitag.ch/

2.30 线龟

设计：FLEX / the INNOVATIONLAB（荷兰）
时间：1996 年
材料：SBR（一种聚酯基的热塑性人造橡胶）
奖项：瑞士日内瓦国际发明展金奖、荷兰设计奖
制造商：Cleverline（荷兰）
折叠类型：卷式

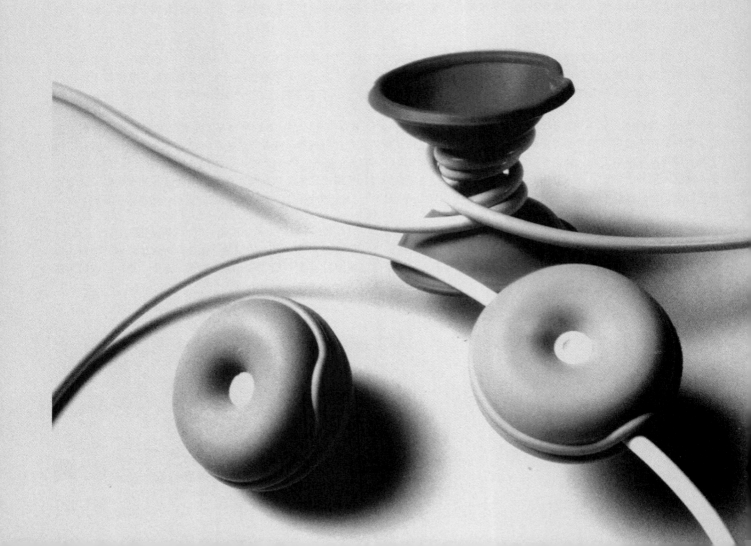

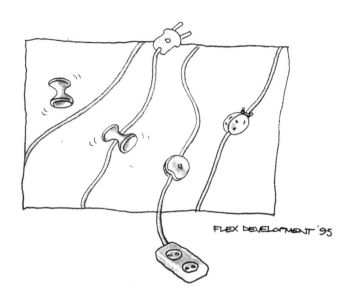

FLEX DEVELOPMENT '95

2.30.1 产品形态

现代人家里电子设备一大堆，大到电脑、电冰箱，小到手机和耳机等，随之而来的就是各种各样的导线。当我们将它们摆放在一起的时候，线团可能乱成一锅粥，分也分不开，有时候要找还偏偏找不到，真的是给生活增添了不少烦恼。面对这样的情况，大多数人都感到束手无策，但来自荷兰的设计工作室 FLEX / the INNOVATIONLAB 早在 1996 年设计出一个缠线器——线龟。这个名为"线龟"的缠线器用相当简单的方式解决了这个问题。正是这个引领性的产品带动了许多新颖缠线器的出现。缠线器——线龟通过"缠"电线将分散在各类电子或电气设备后面垂下来的混乱的线收拾干净。该缠线器将材料、功能糅合在一起的外形设计，简单而又独特。其细部设计增加了产品的整体魅力：中间凸起的线型在相对方向有一对唇口，导线从中"吐"出来，就像某个小动物的嘴，极富表情。

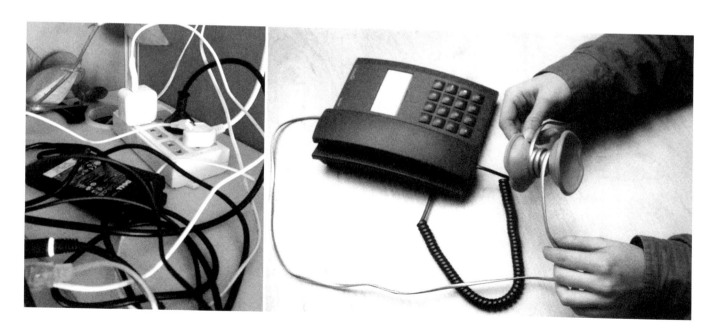

2.30.2 产品结构与工艺

　　龟线从折叠结构的角度来说属于典型的卷式折叠结构。为了实现对电子产品导线的收纳，设计者在材料选择上下了一番功夫，为了使缠线器有一个覆盖自如、手感柔软的外部结构，最终选定为橡胶材料。产品仅仅由一个橡胶零件组成，其未展开形态就像两个碗口合并在一起，由于采用的是橡胶材料，因而具有良好的柔软与可折叠性。当我们需要收纳线的时候，只需要将两边碗口向外翻，就形成了一个溜溜球形态，这时人们只需要将电线缠绕在中轴上，然后将碗口翻折回来，线条从碗口上的预留缺口伸出，这样就十分快速地完成了线的收纳，且翻开和闭合操作方便自如。此产品一经推出，当年就获得瑞士日内瓦国际发明展金奖。德国"古德"工业形态评奖委员会评价其是"独特而简洁的创新"。它到现在还深深地影响着产品设计。

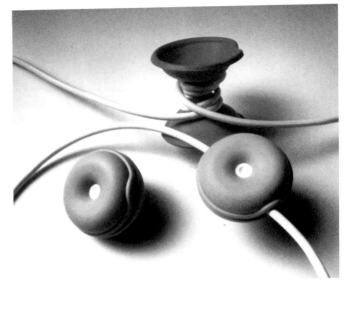

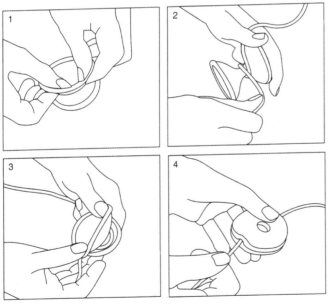

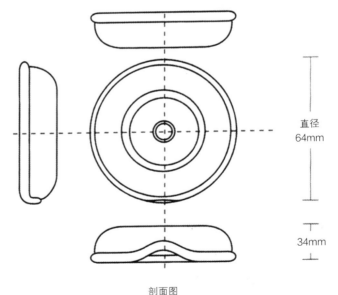

直径
64mm

34mm

剖面图

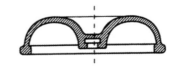

2.30.3 设计其人

　　以稳重和严肃著称的荷兰人与荷兰蓬勃发展的设计行业刚好相悖。所以，荷兰的设计师群体拥有两种截然不同的态度：先锋派打破界限，选择人们没有使用或见过的造型、材料，更愿意做有文化内涵的事；另一个群体的设计师则从实用和解决问题的角度出发，愿意对自己的设计进行调整和折中。弗莱克斯创新实验室（FLEX / the INNOVATIONLAB）成立于 1989 年，主要业务包括消费品设计、包装设计，以及专业化系统产品设计，基本上针对荷兰主要的工业领域——重工业的设计并不多见。该实验室的客户大部分是荷兰企业：飞利浦、荷兰皇家邮政、联合利华、厨具品牌 Q-Linair 和高档连锁零售商 Alber Heijn 等。此外，他们也为雪铁龙、Tefal、新秀丽、可口可乐和亨氏等国际品牌提供设计服务。"线龟"只是实验室的一个小产品，由于解决了生活中的一个难题，在商业上获得了巨大成功，还夺得了荷兰设计奖。这是一个"小产品、大市场"的经典案例。

参考资料：1. [美] 梅尔·拜厄斯 . 50 款产品 [M]. 邓欣楠，谢大康，译 . 北京：中国轻工业出版社，2000.
　　　　　2. [荷] Peter Roeiamd. My Design Week [J]. 产品设计 . 2005, (03)：52-57.

参考文献

[1] [日] 东京大学 EMP，横山帧德 . 设计思维 [M]. 王庆，译 . 北京：中国工信出版集团，人民邮电出版社，2017.

[2] [美] 黛比·米尔曼 . 像设计师那样思考 [M]. 鲍晨，译 . 济南：山东画报出版社，2010.

[3] 简召全，朱崇贤，冯明 . 工业设计方法学 . 第三版 [M]. 北京：北京理工大学出版社，2000.

[4] [德] 恩哈德·布尔德克 . 产品设计——历史、理论与实务 [M]. 胡飞，译 . 北京：中国建筑工业出版社，2007.

[5] [美] 亨利·波卓斯基 . 设计，人类的本性 [M]. 王芊，马晓飞，丁岩，译 . 北京：中信出版社，2012.

[6] 张福昌，张寒凝 . 折叠产品的基本规律及其广泛应用，江南大学学报 (自然科学版)[J]. 2002, 1(02): 187-193.

[7] 艺术与设计 . 产品设计编辑部 . 折叠 1 [J]. 艺术与设计·产品设计，2002, (06): 26-32.

[8] 艺术与设计 . 产品设计编辑部 . 折叠 2 [J]. 艺术与设计·产品设计，2002, (09): 70-75.

[9] 叶丹，董洁晶 . 构造原理 [M]. 北京：中国建筑工业出版社，2017.

[10] [美] 梅尔·拜厄斯 . 50 款椅子 [M]. 劳红娟，译 . 北京：中国轻工业出版社，2000.

[11] [美] 梅尔·拜厄斯 . 50 款桌子 [M]. 姜玉青，译 . 北京：中国轻工业出版社，2000.

[12] [美] 梅尔·拜厄斯 . 50 款产品 [M]. 邓欣楠，谢大康，译 . 北京：中国轻工业出版社，2000.

[13] [英] 保罗·杰克逊 . 从平面到立体：设计师必备的折叠技巧 [M]. 朱海辰译 . 上海：上海人民美术出版社，2012.

[14] [日] 佐藤大，川上典李子 . 由内向外看世界 [M]. 邓超，译 . 北京：北京时代华文书局，2015.

[15] [日] 佐藤可士和 . 佐藤可士和的超整理术 [M]. 常纯敏，译 . 南京：江苏凤凰美术出版社，2011.

[16] 张仲凤，张继娟 . 家具结构设计 [M]. 北京：机械工业出版社，2012.

[17] [日] 小峰龙男 . 图解机械基础知识入门 [M]. 汪栩，余洋，余长江，译 . 北京：机械工业出版社，2017.

[18] 刘宝顺 . 产品结构设计 [M]. 北京：中国建筑工业出版社，2005.

[19] 王丽霞，李杨青，等 . 产品外观结构设计与实践 [M]. 杭州：浙江大学出版社，2015.

[20] 缪元吉，张子然，张一 . 产品结构设计：解构活动型产品 [M]. 北京：中国轻工业出版社，2017.

[21] [德] 克劳斯·雷曼 . 设计教育 教育设计 [M]. 赵璐，杜海滨，译 . 南京：江苏凤凰美术出版社，2016.

[22] 张福昌，张寒凝 . 折叠及折叠家具 [J]. 家具，2002, (04): 13-19.

[23] 罗家莉 . 产品结构设计的重要性及影响因素探析 [J]. 包装工程，2009, 30(06): 127-129.

[24] 廉莹，董雪璠 . 绿色设计案例分析 [J]. 中国科学院院刊，2016, 31(5): 527-534.

[25] 曹盛盛 . 浅谈家具设计中的折叠结构应用 [J]. 装饰，2011, (08): 122-124.

[26] 叶丹，姜葳 . 折叠结构的形式及设计要素 [C]// 何人可等主编 . 2007 国际工业设计教育研讨会论文集 . 北京：中国建筑工业出版社，2007 .

后 记

折叠产品以其收纳性、便携性和移动性等优势，越来越受到市场的青睐，有三个重要的原因：一是互联网购物环境下的产品需要符合"邮寄的要求"，折叠设计减少了产品包装体积，提高了储运效率；二是折叠产品有利于提高室内环境的空间利用率；三是符合现代人的"移动需求"，如旅游、变换工作学习环境和探亲访友等，便于随身携带。对"折叠"的研究，我的老师张福昌教授在 20 世纪开始涉及，尤其在折叠家具的分类、基本规律和结构特点等方面有深入的研究。

以"折叠"作为研究课题已成为高校"产品设计"课程重要的教学内容，甚至是研究生课题。作为产品结构的基础研究，折叠结构虽然涵盖了"机械"的部分知识，如平面连杆机构的工作原理等，机械专业教材中却少有"折叠"的概念，而产品的折叠设计需要有具体的结构、工艺和材料知识来支撑，其中可能没有深奥的理论，但是绝对需要设计者对这些知识具有深刻的认识。教学上，案例研究和动手实验成为学习折叠设计的重要途径。遗憾的是，目前国内还缺少相关书籍。

Kneeling CHAIRS

reddot award 2017
honourable mention

本设计是折叠跪式座具。跪坐是古代东方人的传统坐姿，其姿态优雅、端庄、宁静。设计灵感来源于禅修打坐的动人场景。本产品适合禅修打坐人士和跪坐者使用。天然的竹木材料，对称、极简的形态构成了极具东方风格的艺术造型。其折叠结构便于用户收纳和携带。

设计：叶丹 （2015）

　　本书源于产品设计课程中"折叠与收纳"课题的案例研究报告，学生们在互联网和图书资料中选取具有典型意义的折叠产品作为研究对象，在结构、形态、工艺和设计师背景等方面做分析研究，并将成果制作成研究文本。本书选取了其中的经典案例，并经过郭磊老师整理、撰写，姜葳老师统稿。其中被选取研究报告的学生有：倪竹菡、李金媛、林超、吴铃妍、张皓玮、张暄、曹康乐、陈赵、刘小欢、颜嘉慧、李慧、李承润、张梨、陈婷、高远、赵斯涵、王嘉辉、吴玉鑫、张鑫铭、杨柳、方晓、陈盛杰、方仪琳、贺天航、董昊烨、林耿旭、马月、任倩格、边正、潘逸舟。需要说明的是，本书案例是从互联网和相关图书资料中选取的经典产品，限于种种原因，没有和这些产品的设计师取得联系，在此向这些设计师表示敬意和感谢！

　　本书作为工业设计、产品设计专业"产品设计"课程的教学参考书，为折叠设计和案例教学提供了一个范本。希望本书的出版能得到国内设计教育界的批评指正。在此，特别感谢化学工业出版社给我们提供这次出版机会。限于笔者的学识水平，本书不可避免地存在不足之处，恳请专家学者批评指正。

叶 丹

2019 年 5 月 12 日 于杭州下沙高教园区